PETITE

ZOOLOGIE

Tout exemplaire non revêtu de la signature de l'auteur est contrefait.

PARIS — IMP. SIMON RAÇON ET COMP., RUE D'ERFURTH, 1

PETITE
ZOOLOGIE

PAR

N. MEISSAS

CHEF D'INSTITUTION

MEMBRE DE L'ACADÉMIE DE REIMS

QUATRIÈME ÉDITION

APPROPRIÉE A L'ENSEIGNEMENT SPÉCIAL

LIBRAIRIE JACQUES LECOFFRE

LECOFFRE FILS ET Cie, SUCCESSEURS

PARIS, RUE BONAPARTE, 90

LYON, RUE MERCIÈRE, 47 (ANCIENNE MAISON PERISSE FRÈRES)

1867

PETITE ZOOLOGIE

PAR

N. MEISSAS

QUATRIÈME ÉDITION

APPROUVÉE A L'ENSEIGNEMENT SPÉCIAL

LIBRAIRIE JACQUES LECOFFRE
LECOFFRE FILS ET Cie, SUCCESSEURS
PARIS, RUE BONAPARTE, 90
ON, RUE MERCIÈRE, 2 (ANCIENNE MAISON PÉRISSE FRÈRES)

PETITE
ZOOLOGIE

NOTIONS PRÉLIMINAIRES

L'histoire naturelle proprement dite ne considère que les corps bruts ou *inorganisés*, appelés *minéraux*, et les diverses sortes d'êtres vivants ou *organisés*.

Les corps bruts ont une composition qui ne change pas, à moins de circonstances éventuelles. La composition des corps vivants, au contraire, change à chaque instant.

Les corps bruts ont toujours une forme plus ou moins anguleuse et un volume indéterminé. Ils peuvent passer par tous les états de grandeur sans changer de nature.

Les corps vivants ont toujours des formes arrondies, et leur volume est compris entre des limites dont ils ne sortent jamais.

Les corps bruts peuvent être formés de toutes pièces, tantôt avec des éléments qui leur ressemblent, tantôt avec des éléments divers.

Les corps organisés naissent toujours d'individus semblables à eux, et dont le premier a dû nécessairement être créé avec la forme qui caractérise son espèce.

Lorsque les corps bruts augmentent de volume, leur accroissement se fait toujours à l'extérieur et par un effet pur et simple d'agrégation qui dépend plus ou moins de l'attraction des molécules. La même cause qui a disposé quelques molécules à s'agréger spontanément, si elle continue d'agir, en amène successivement d'autres semblables qui se groupent autour des premières : la masse devient de plus en plus volumineuse à mesure que le nombre des particules rassemblées augmente, et elle s'accroîtrait indéfiniment s'il pouvait toujours exister autour d'elle des particules libres de même nature.

Les corps organisés s'accroissent toujours après leur naissance, et toujours suivant les mêmes lois, jusqu'à un certain terme qu'il ne peuvent dépasser. Cet accroissement se fait à l'intérieur par des sucs que les organes préparent et renouvellent continuellement, au moyen des aliments qu'ils prennent à l'extérieur; ces sucs circulent ou pénètrent dans tous les tissus, et déposent continuellement entre les molécules des matières semblables à elles, ou des éléments qui peuvent s'y assimiler par de nouvelles modifications ou combinaisons. Chaque organe se dilate ainsi peu à peu, s'agrandit dans toutes ses dimensions, et c'est par là que le volume extérieur augmente ainsi successivement.

On donne à ces deux grandes divisions des corps le nom de *règnes*. Celle des corps bruts est appelée *règne inorganique*, et celle des corps vivants *règne organique*.

L'étude des corps inorganiques constitue la *minéralogie*.

Quant au règne organique, il se subdivise naturellement en deux sections, dont l'une comprend tous les êtres privés du sentiment et de la faculté de se mouvoir à volonté. On lui donne le nom de *règne végétal*, et son étude constitue la *botanique*. La seconde section comprend tous les êtres sensibles qui peuvent se mouvoir à leur gré, en tout ou en partie; on lui donne le nom de *règne animal*; son étude constitue la *zoologie* : c'est la science à laquelle nous consacrons ce volume.

La zoologie se subdivise elle-même en trois parties, savoir :

1° L'étude de la structure des corps, ou la description des différentes parties qui les composent, et la manière dont elles sont disposées. Cette science porte le nom d'*anatomie;*

2° L'étude de la manière dont ces diverses parties concourent à la conservation de la vie. C'est la *physiologie* ou *biologie*.

3° Enfin, la classification des animaux d'après leurs analogies ou leurs différences de constitution, leurs mœurs et leur distribution sur le globe. Cette dernière branche de la zoologie pourrait être nommée *zooclassie*.

Nous ne donnerons ici sur l'anatomie et la physiologie que des notions fort succinctes, mais suffisantes toutelois pour faire comprendre comment on a pu classer les animaux.

Quelles que soient du reste nos tentatives dans la recherchede la vérité, il est certain que nous ne découvrirons jamais le plan vaste et magnifique qui a dirigé l'Être suprême dans la formation de cet univers.

Tout ce que nous voyons du monde n'est qu'un trait imperceptible dans l'ample sein de la nature. La terre, ce globe qui nous paraît si grand, n'est qu'un point insensible dans le domaine du soleil, et ce domaine lui-même n'est à son tour qu'un point très-délicat à l'égard de l'immensité de l'univers. L'astronomie nous porte à croire que les étoiles sont rassemblées en divers groupes, dont quelques-uns renferment des milliers de ces astres. Notre soleil et les plus brillantes étoiles font probablement partie d'un de ces groupes, qui, vu du point où nous sommes, semble entourer le ciel et forme la *voie lactée*. Le grand nombre d'étoiles que l'on aperçoit à la fois dans le champ d'un fort télescope dirigé vers cette voie, prouve son immense profondeur. L'observateur qui s'éloignerait indéfiniment finirait par voir la voie lactée sous forme d'une lumière blanche et continue, d'un petit diamètre; car l'immense intervalle des étoiles serait couvert par l'irradiation de leur lumière qui subsiste même dans les plus forts télescopes. Il est donc probable que, parmi les nébuleuses, dont le nombre observé s'élève à plus de cinq mille, plusieurs sont des groupes d'un très-grand nombre d'étoiles, dont le grand éloignement affaiblit l'éclat, et qui, vus de leur intérieur, paraîtraient semblables à la voie lactée. Si l'on réfléchit maintenant à cette profusion d'étoiles et de nébuleuses répandues dans l'espace céleste, et aux intervalles immenses qui les séparent, l'imagination, étonnée de la grandeur de l'univers, aura peine à lui concevoir des bornes.

Si des espaces planétaires nous descendons à ces animaux si petits, que le microscope, en nous les montrant cent mille fois plus gros qu'ils ne sont en réalité, a de la peine encore à nous les faire distinguer, et que nous réfléchissions que chacun de ces êtres nous offre, dans la petitesse de son corps, des parties incomparablement plus petites, des jambes avec des jointures, des veines dans ces jambes, du sang dans ces veines, des globules dans ce sang, et que chacun de ces globules est composé peut-être de myriades de particules qui toutes ne sont encore que des monceaux d'éléments, l'imagination se perd dans ses merveilles aussi étonnantes par leur petitesse que les autres par leur étendue. Quelle colossale puissance que celle du génie qui a créé et qui régit une machine aussi prodigieusement compliquée que l'univers!

PREMIÈRE SECTION

DE L'HOMME

L'homme est un être qui sent, réfléchit, pense, invente, travaille; qui parcourt à volonté tous les points de la surface du globe; qui communique sa pensée par la parole, et qui paraît destiné par la Providence à dominer sur tous les animaux. Il vit en société et suivant les lois qu'il s'est faites.

Lorsqu'on étudie la partie matérielle de son être, que l'on suit et que l'on combine tous les détails de son organisation, on se croit en droit d'associer le genre humain à la classe des brutes quadrupèdes. Mais une pareille conséquence est évidemment fautive, par trop arbitraire et par trop étrange; car l'homme est le seul animal qui se soutienne habituellement dans une direction verticale, le seul qui ne soit pas vêtu par la nature; il est le chef-d'œuvre de cette même nature, le dernier ouvrage sorti des mains du Créateur, le roi ou le premier des animaux, le centre autour duquel l'univers entier vient se grouper. Tout nous montre l'excellence de sa nature et la distance immense que la bonté de Dieu a mise entre l'homme et la bête : l'homme est un animal raisonnable; la brute est un animal sans raison. L'homme le plus stupide suffit pour conduire l'animal le plus rusé; il le commande, le fait servir à ses usages, et celui-ci obéit.

Les opérations des brutes ne sont que des résultats d'un instinct mécanique, purement matériel et toujours les mêmes; l'homme, au contraire, met de la variété ou de la diversité dans ses opérations et dans ses ouvrages, parce que son âme est à lui, et qu'elle est indépendante et libre. Ainsi, l'homme est l'animal par excellence, le seul de son genre, mais dont les individus sont fort différents par la figure, la grandeur, la couleur, les mœurs, le naturel, etc. Le globe qu'il habite est couvert des productions de son industrie et des ouvragee de ses mains; c'est en quelque sorte uniquement son travail qui met toute la terre en valeur.

L'instinct des brutes se propage de génération en génération, sans jamais s'augmenter, sans jamais s'affaiblir, et ne se modifie que faiblement avec l'âge. Nul animal ne sait profiter de l'expérience de ceux dont il tient le jour. Il n'en est pas ainsi de l'homme, qui n'est produit que pour l'infinité; il est dans l'ignorance au premier âge de la vie, mais il s'instruit sans cesse dans son progrès; car il tire avantage, non-seulement de sa propre expérience, mais encore de celle de ses prédécesseurs, parce qu'il garde toujours dans sa mémoire les connaissances qu'il s'est une fois acquises, et que celles des anciens lui sont toujours présentes dans les monuments qu'ils en ont laissés. De sorte que la suite des hommes, pendant le cours de tant de siècles, doit être considérée comme un même homme qui subsiste toujours, et qui apprend continuellement. Chez les brutes, au contraire, nul progrès, nul rétrogradation; la jeune abeille construit sa ruche exactement comme le faisait sa mère, et sans avoir pu recevoir d'elle les leçons nécessaires à son instruction, car la mère est morte avant que la fille soit éclose.

L'espèce humaine n'est point unique : elle présente un grand nombre de variétés ou *races*, dont les trois principales sont éminemment distinctes. Ces trois grandes races sont la blanche, ou *caucasique* ; la jaune, ou *mongolique* ; la nègre, ou *éthiopique*.

La caucasique (fig. 1re), à laquelle nous appartenons, se distingue par la beauté de l'ovale que forme sa tête ; c'est elle qui a donné naissance aux peuples les plus civilisés, à ceux qui ont le plus généralement dominé les autres ; elle varie par le teint et par la couleur des cheveux.

La mongolique (fig. 2) se reconnaît à ses pommettes saillantes, à son visage plat, à ses yeux étroits et obliques, à ses cheveux droits et noirs, à sa barbe grêle, à son teint olivâtre ; elle a formé de grands empires en Chine et au Japon, et elle a quelquefois étendu ses conquêtes en deçà du grand désert ; mais sa civilisation est toujours restée stationnaire.

La race nègre (fig. 3) est confinée au midi de l'Atlas : son teint est noir, ses cheveux crépus, son crâne comprimé, et son nez écrasé. Son museau saillant et ses grosses lèvres la font ressembler aux singes ; les peuplades qui la composent sont toujours restées barbares.

Ces trois races, dont la première domine en Europe, la deuxième en Asie et la troisième en Afrique, peuvent être regardées comme autant de types principaux qui se sont répandus et nuancés par alliances, pour former cette multitude de types secondaires que l'on remarque dans l'ancien continent et les îles nombreuses qui l'avoisinent.

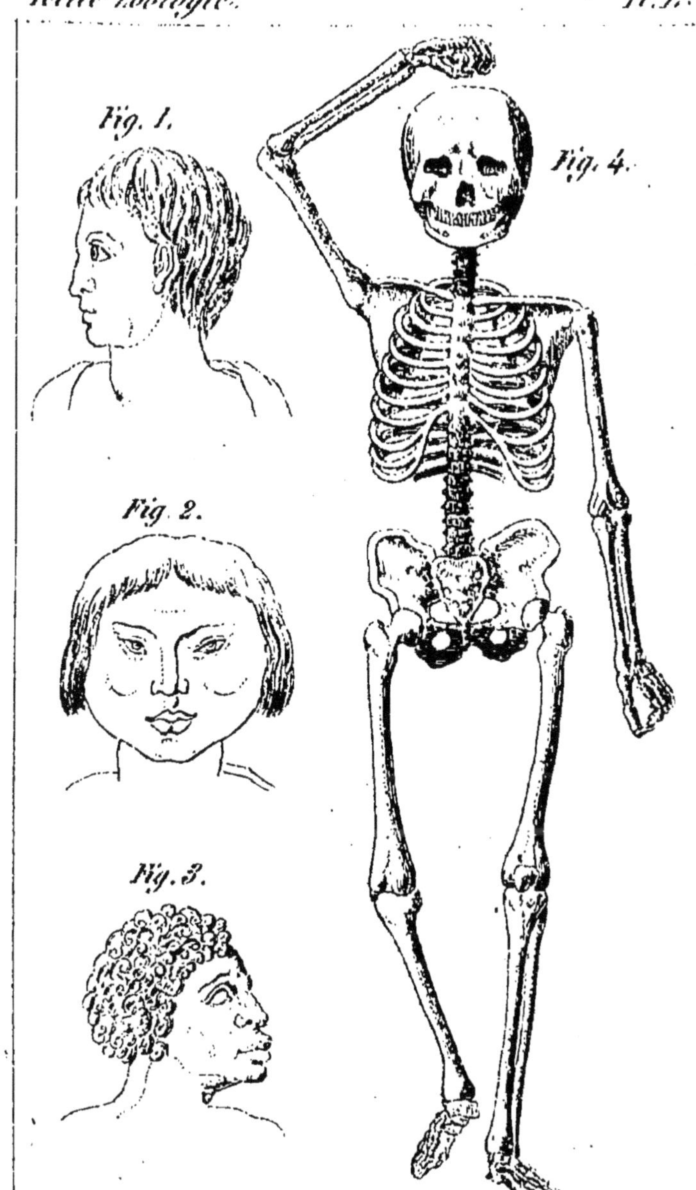

Lith. Goyer, 7 Pass. Dauphine, Paris

Un long séjour dans une même localité, l'influence des mœurs, des usages, de la nourriture, du climat et des lois, auront fait prendre à chacun de ces nouveaux types un caractère d'autant plus spécial que ces diverses causes auront eu plus de durée, et que les relations avec les peuples voisins auront été moins fréquentes.

Les peuples de l'Amérique, qui ont tous une origine très-moderne, paraissent descendre des habitants du nord de l'Europe et de l'orient de l'Asie.

SQUELETTE.

Les corps organisés se composent essentiellement d'une partie solide ou molle, qui forme la charpente du corps, et d'une partie liquide. La partie solide est un tissu renfermant du liquide auquel il livre passage. Ce genre de structure caractérise les corps organisés.

La charpente du corps de l'homme et des animaux qui s'en rapprochent le plus, se compose principalement d'os réunis de diverses manières et formant ce que l'on nomme un *squelette*. C'est un spectacle merveilleux que celui de cette charpente. Quelle légèreté et quelle force dans ces os ! quel appareil ! quelle variété admirable dans les formes, dans leurs diverses manières de se joindre, de se mouvoir, tous appropriés d'une manière singulière à leurs usages : mouvement de coulisse, de charnière, de genou, de pivot ; on observe des cavités, des fosses, des sinus, des échancrures, des trous destinés à recevoir, à loger diverses pièces de la machine, à donner passage aux veines, artères, nerfs, vaisseaux qui portent la nourriture, le mouvement et la vie à toutes les parties du corps animé?

Le squelette (fig. 4) se divise en *tête*, en *tronc* et en *extrémités:* la tête comprend le *crâne* et la *face*.

Le *crâne* est une boîte osseuse, arrondie, un peu ovale ou sphéroïde, formée de l'assemblage de huit os bien distincts dans l'enfance, mais qui se soudent ordinairement dans l'âge adulte.

La *face* est composée de plusieurs pièces qui en constituent deux principales appelées *mâchoires*. La mâchoire supérieure est presque immobile et composée de treize os, dont les deux plus grands portent le nom de *maxillaires*. La mâchoire inférieure est faite d'un seul os. Chaque mâchoire est munie de seize dents.

Le *tronc* se compose de la *colonne vertébrale*, du *thorax* ou *poitrine* et du *bassin*.

La *colonne vertébrale* de l'homme se compose de vingt-quatre petits os appelés *vertèbres*. Elle présente dans toute sa longueur un canal formé par la réunion des trous dont chaque vertèbre est percée, et servant à loger la *moelle épinière*, qui est un prolongement du cerveau. Cette colonne peut se plier en divers sens et prendre des figures d'autant plus variées, qu'elle est composée d'un plus grand nombre de vertèbres. Les serpents, qui ont jusqu'à 300 vertèbres, décrivent des lignes très-sinueuses. En arrière des vertèbres sont des prolongements appelés *apophyses épineuses*, et de chaque côté d'autres prolongements appelés *apophyses transverses*. La réunion des apophyses épineuses forme l'épine du dos.

Le *thorax* ou la *poitrine* est formé : 1° par vingt-quatre côtes, douze de chaque côté, dont on appelle les sept supérieures *vraies*, et les cinq autres *fausses*; 2° par le *sternum*, pièce antérieure composée de six os auxquels viennent s'adapter les vraies côtes; 3° par les vertèbres *dorsales*. Toutes les côtes s'articulent en arrière avec les vertèbres; mais les vraies côtes seulement s'articulent en avant avec le sternum, au moyen d'un prolongement cartilagineux appelé *cartilage des côtes*. Les différentes pièces qui constituent la charpente de la poitrine sont assez mobiles et élastiques pour permettre à cette partie du corps de se dilater dans le sens de sa longueur et de sa largeur. Le poumon se dilate et se resserre en même temps que la poitrine; ce mouvement produit la *respiration*, acte le plus essentiel à la vie et dont nous aurons bientôt l'occasion de parler avec plus de détails.

Le *bassin* est fait de deux grands os, appelés *os des hanches*, qui se joignent ensemble par devant, et sont attachés par derrière à l'*os sacrum*.

Les extrémités du squelette sont au nombre de quatre, deux supérieures et deux inférieures.

Chaque extrémité supérieure est composée de l'*épaule*, du *bras*, de l'*avant-bras* et de la *main*. L'épaule est faite de deux pièces, une antérieure appelée *clavicule*, et une postérieure dite *omoplate*; la clavicule s'étend, comme un arc-boutant, de l'omoplate au sternum. Le bras n'est fait que d'un seul os, nommé *humérus*. L'avant-bras en comprend deux : l'un, appelé *cubitus*, est situé en dedans; l'autre appelé *rayon* est en dehors. La main est distinguée en trois parties, savoir : en *carpe* ou *poignet*, qui est composé de huit os; en *métacarpe*, composé de quatre os; et en *doigts*, qui sont au nombre de cinq, chacun desquels est formé de trois pièces appelées *phalanges*.

Chaque extrémité inférieure est partagée en *cuisse*, en *jambe* et en *pied;* la cuisse n'est faite que d'un seul os appelé *fémur ;* la jambe est composée de deux grands os, l'un intérieur nommé *tibia*, l'autre extérieur nommé *péroné* et d'un petit os nommé la *rotule*, qui se trouve à l'endroit du genou. Le pied est divisé en trois parties, comme la main, savoir : en *tarse* ou *cou-de-pied*, en *métatarse* et en *doigts*.

Toute cette portion osseuse de la charpente est recouverte de muscles ou cordons composés de fibres réunies entre elles par faisceaux, qui se raccourcissent ou s'allongent suivant la volonté de l'homme ou de l'animal, et qui produisent ainsi tous les mouvements du corps.

Les cavités de la charpente osseuse servent à loger divers *appareils* ou *organes* sur lesquels nous allons bientôt revenir. Toute la masse est parcourue par d'innombrables vaisseaux sanguins et recouverte par la peau.

DES ORGANES DE LA DIGESTION.

Les pertes considérables de substances qu'essuie continuellement le corps par divers moyens, tels que les sécrétions et la transpiration, l'auraient bientôt épuisé et détruit, si la nutrition ne remplaçait sans cesse les parties qui se dissipent. Quel mécanisme plus digne d'attention que celui au moyen duquel s'opère cette importante fonction de l'économie animale !

Lorsque les aliments ont été introduits dans la bouche,

mâchés et avalés, ils subissent dans l'intérieur du corps une décomposition qui les sépare en deux parties, dont l'une, inutile, est rejetée au dehors ; l'autre, qui est le suc nutritif ou *chyle*, est conservée et pénètre dans les replis les plus secrets des tissus pour y réparer les pertes qu'a pu subir la matière organique. Cette première fonction de la nutrition porte le nom de *digestion*. Les canaux que suivent les aliments sont les *organes digestifs ;* ils constituent un appareil dont la disposition dépend de l'espèce d'aliments dont l'animal se nourrit.

Cet appareil est d'autant plus compliqué et développé, que le travail de la digestion doit être plus considérable. Il y a moins de différence entre la chair d'un animal et celle d'un autre animal, qu'entre de l'herbe et de la chair; d'où il suit que les *carnivores* doivent pouvoir s'assimiler leur nourriture plus facilement que les *herbivores.* Aussi l'appareil digestif des premiers est-il plus simple que celui des seconds. Chez l'homme, qui se nourrit à peu près indistinctement de chair et de végétaux, les organes de la digestion tiennent le milieu entre ceux des carnivores et ceux des herbivores.

L'appareil de la digestion dans l'homme (fig. 5) et dans les animaux supérieurs n'est qu'un long canal contourné sur lui-même de différentes manières, qui s'élargit en certains points, se rétrécit dans d'autres, et reçoit une grande quantité de fluides au moyen de conduits particuliers. Il se compose d'abord de la *bouche*, laquelle communique avec une grande cavité située derrière la *langue* et qui porte le nom de *pharynx ;* il descend ensuite en se rétrécissant le long du cou, où il prend le nom d'*œsophage*, pénètre dans la poitrine, où il s'élargit tout à coup considérablement, et forme un sac appelé *estomac*; il se rétrécit ensuite brusquement et forme un grand nombre de circuits pendant tout le trajet desquels on lui donne le nom d'*intestin grêle*; après cela il s'élargit de nouveau, mais moins qu'à l'estomac, et forme le *gros intestin*; enfin il se dirige vers l'anus, près duquel on lui donne le nom de *rectum*. L'estomac, l'intestin grêle et le gros intestin sont renfermés dans une grande cavité que l'on nomme *abdomen*.

Un grand nombre de vaisseaux sanguins viennent aboutir au canal digestif ou y prennent naissance, et principalement vers la partie centrale. Tous les conduits destinés à transporter le chyle prennent naissance dans l'intestin grêle.

La *bouche* est composée de deux mâchoires dont la supérieure fait partie essentielle de la face et ne se meut qu'avec la tête; l'inférieure est, au contraire, douée d'une grande mobilité.

Les mâchoires sont garnies de petits corps très-durs appelés *dents*. Chaque mâchoire en a seize : quatre *incisives*, tranchantes au milieu et par devant, deux *canines* pointues, aux coins, et dix *molaires*, cinq de chaque côté. Chaque dent se compose de deux parties, l'une extérieure ou *couronne*, l'autre intérieure ou *racine*. La couronne est à peu près de forme cubique dans les molaires; elle est pointue dans les canines, et en forme de coin dans les incisives.

La face par laquelle les molaires se correspondent est hérissée d'aspérités disposées de façon que celles des dents supérieures s'engrènent aisément dans celles des dents inférieures, et réciproquement, ce qui facilite la mastication.

La racine a toujours une forme conique très-allongée, et s'engage dans une cavité de la mâchoire nommée *alvéole*, qu'elle remplit exactement, et par laquelle elle est fortement pressée. Les canines et les incisives n'ont qu'une racine; mais les molaires en ont ordinairement plusieurs. La matière qui forme les dents est d'une dureté extrême, surtout la couche extérieure ou *émail*.

L'homme n'a pas trente-deux dents en venant au monde. Les *dents de lait* commencent à paraître quelques mois après la naissance; celles du milieu paraissent les premières. Il y en a vingt à deux ans, qui tombent successivement vers la septième année, pour être remplacées par d'autres. Des douze arrière-molaires qui ne doivent pas tomber, il y en a quatre qui paraissent de quatre à cinq ans, quatre à neuf ans; les quatre dernières ne paraissent quelquefois qu'à vingt ans et plus; on les nomme vulgairement *dents de sagesse*. Les deux canines supérieures, nommées *œillères*, sont ordinairement celles qui font le plus souffrir les enfants en poussant.

Les aliments introduits dans la bouche sont broyés et divisés par les dents; ils se mêlent avec la salive que sécrètent six glandes particulières, et deviennent ainsi propres à être introduits dans l'estomac. Ce passage s'effectue par l'intermédiaire du pharynx et de l'œsophage.

Pendant toute la durée de la mastication, la communication entre la bouche et le pharynx est interceptée par une soupape, à laquelle on donne le nom de *voile du palais*. C'est cette soupape qui se prolonge en pointe au fond de la bouche, pour former la *luette*. Dès que les aliments sont suffisamment mâchés et mêlés de salive, la soupape s'ouvre, les aliments pénètrent dans le pharynx et passent ensuite brusquement dans l'œsophage, puis dans l'estomac.

Parvenus dans l'estomac, les aliments sont transformés en une matière propre aux animaux, qui est le *chyme*. Cette transformation s'effectue principalement vers l'orifice de l'estomac qui débouche dans l'intestin grêle et que l'on nomme *pylore*, c'est-à-dire *portier*, parce qu'il ne s'ouvre qu'après que les aliments ont été suffisamment digérés.

De l'estomac, le chyme pénètre dans l'intestin grêle, où il se partage en deux parties, dont l'une s'attache aux parois : c'est le *chyme;* l'autre est le résidu destiné à pénétrer dans le gros intestin pour être ensuite expulsé du corps.

Les boissons n'ont pas besoin de séjourner dans la bouche et d'être mêlées de salive avant d'être avalées; elles pénètrent aussitôt dans l'estomac, où elles séjournent bien moins longtemps que les aliments solides; les unes n'y forment point de chyme : l'eau, le vinaigre et l'esprit-de-vin faible sont dans ce cas; les autres sont chymifiées en totalité ou en partie : l'huile, par exemple, se transforme toute en chyme. Les boissons qui ne sont point changées en chyme dans l'estomac y sont cependant absorbées en partie; ce qui reste liquide pénètre dans l'intestin grêle, où il ne séjourne que très-peu; il se mêle avec le chyme et les différents sucs que contient cet intestin, mais il ne produit pas de chyle.

Quant au chyme qui provient des boissons, il suit la

même marche et subit les mêmes changements que celui qui provient des aliments solides, en sorte qu'il forme aussi du chyle.

Le chyle est liquide et d'un blanc opaque semblable à du lait. Il est transporté de l'intestin grêle dans les veines en suivant des conduits particuliers et très-petits que l'on nomme *vaisseaux chylifères.* On regarde généralement le chyle comme le liquide d'où le sang tire son origine.

Que de choses pour que notre corps puisse recevoir la nourriture et l'accroissement! Quelle sage prévoyance a tout disposé pour une même fin! Qui donc oserait attribuer à un aveugle hasard ces ingénieuses dispositions des appareils qui concourent à l'entretien de la la vie! Reconnaissons ici, comme dans toutes choses, une souveraine et bienfaisante intelligence.

DU SANG.

Le sang est le liquide qui porte dans tous les organes la matière nécessaire à leur entretien. Il circule dans un système de vaisseaux composés des *veines*, du *cœur*, des *poumons* et des *artères*.

Les *veines*, destinées à amener le sang vers le cœur, prennent sans doute naissance dans toutes les parties des organes; mais elles sont tellement fines à leur origine, qu'il est impossible de les distinguer. Bientôt elles augmentent de volume et deviennent visibles. On remarque alors qu'elles s'abouchent dans tous les sens. Elles conservent cette disposition et grossissent au point de former des vaisseaux considérables.

Le *cœur* (fig. 6) dans l'homme, les mammifères et les oiseaux, est formé de quatre cavités, deux supérieures nommées *oreillettes*, et deux inférieures nommées *ventricules*. L'oreillette et le ventricule gauches appartiennent au cours du sang *artériel*; l'oreillette et le ventricule droits font partie de celui du sang *veineux*.

L'oreillette et le ventricule droits se resserrent et se dilatent alternativement. Ni l'une ni l'autre de ces cavités ne peut se dilater sans être aussitôt remplie par le sang; et quand elles se resserrent, elles expulsent nécessairement une partie de celui qu'elles contiennent.

Un conduit nommé *artère pulmonaire* part du ventricule droit et se porte aux poumons. D'abord il ne forme qu'un seul tronc; bientôt il se partage en deux branches, dont l'une se porte au poumon droit et l'autre au poumon gauche. Chacune de ces branches se divise et se subdivise jusqu'au point de former une multitude infinie de petits vaisseaux presque insensibles à la vue. Les dernières divisions de l'artère communiquent avec les veines qui, du poumon, vont se rendre au cœur.

Les *poumons* (fig. 6) sont des organes vésiculeux d'un volume considérable, situés dans les parties latérales de la poitrine, divisés et subdivisés en lobes spongieux dont les cellules sont disposées de telle sorte, que les innombrables petits vaisseaux qui terminent l'artère pulmonaire et commencent les veines pulmonaires sont environnés de tous côtés par l'air atmosphérique. Cet air pénètre dans les poumons par un conduit nommé *trachée-artère*, qui communique avec la bouche et les fosses nasales. La partie supérieure de ce conduit est le *larynx*. Son orifice est placé au fond de l'arrière-bouche, en avant de l'œsophage (fig. 5) ; il s'ouvre et se ferme, selon le besoin, au moyen d'une soupape appelée *glotte*.

Les *artères* sont des conduits semblables aux veines, et destinés à reporter dans les diverses parties du corps le sang qui a traversé les poumons.

Le sang suit les veines pour se rendre dans l'oreillette droite, puis dans le ventricule droit, situé au-dessous, et de là dans le poumon.

Respiration.

Parvenu dans le poumon, le sang est en contact avec l'air atmosphérique aspiré par l'animal ; il change de nature et se transforme en sang artériel. Cette transformation constitue la *respiration*. L'air vicié, après son contact avec le sang, est chassé en partie par l'*expiration* ou contraction de la poitrine et des poumons ; mais bientôt la poitrine se redilate et les poumons se remplissent de nouveau d'air ; de sorte que le sang des veines pulmonaires est toujours en contact avec l'air.

Dans son contact avec le sang, l'air atmosphérique lui cède de l'oxygène et lui prend du carbone ; de sorte que l'air expiré est toujours chargé d'une quantité considérable d'acide carbonique, ce qui le rend dangereux à respirer de nouveau.

A mesure que le sang traverse les petits vaisseaux du poumon, il prend une couleur plus vive, une odeur plus forte, une saveur plus prononcée ; sa température s'élève sensiblement ; il perd une partie de son liquide, qui se vaporise et se mêle à l'air. L'état dans lequel il se trouve alors constitue le *sang artériel* ou propre à la nutrition.

Le sang ainsi modifié revient par les veines pulmonaires des poumons dans l'oreillette gauche du cœur, d'où il descend dans le ventricule gauche, et de là, par la contraction de ce ventricule, il est poussé dans un large conduit nommé *artère aorte*, qui le distribue en se ramifiant dans toutes les parties du corps, pour y porter la vie.

A chaque battement du cœur, il pénètre dans le poumon une nouvelle quantité de sang. Le nombre de ces battements est d'autant plus considérable que l'on est plus jeune. Chez l'enfant qui vient de naître, il est en général de 130 à 140 par minute ; à quatorze ans, il n'est plus que de 80 à 85 ; enfin, dans la vieillesse, il se réduit à 60 ou 65. Du reste, il varie d'un individu à l'autre ; et, pour un même individu, il change aussi avec l'état de santé. Mais il est remarquable que les animaux chez lesquels la circulation est le plus rapide, ne sont pas toujours les plus vifs.

Le sang, parvenu aux extrémités des artères, revient au cœur par les veines avec lesquelles les artères communiquent. On peut suivre, à l'aide du microscope, ce passage du sang des artères dans les veines, quoique les tubes qui établissent la communication entre ces conduits soient excessivement déliés.

La rapidité de la circulation et la fréquence des battements forcent le sang à passer par saccades très-rapprochées dans les endroits où les artères sont resserrées ; c'est en cela que consiste le *pouls*.

En traversant les petits vaisseaux, le sang artériel se dépouille d'une partie de ses éléments, qu'il cède aux divers organes, dont il reçoit en échange d'autres éléments devenus nécessaires à la vie ; il reprend ainsi les qualités du sang veineux et revient dans le poumon se régénérer par son contact avec l'air, auquel il cède les matières superflues, et dont il reçoit en échange les principes qu'il avait perdus.

Sécrétions.

Les pertes que le sang artériel éprouve en parcourant les petits vaisseaux par lesquels les artères et les veines communiquent entre elles, constituent les *sécrétions.*

La *sueur* est un résultat de ces sécrétions ; elle traverse l'épiderme ou couche extérieure de la peau pour se répandre dans l'atmosphère. La *salive* et les *larmes* sont aussi produites par les sécrétions. La *bile* est également une humeur sécrétée par la plus grosse glande du corps, à laquelle on donne le nom de *foie*, et qui est située au-dessus de l'estomac (fig. 5).

Enfin la sécrétion la plus remarquable est l'*urine ;* elle se forme dans deux appareils nommés *reins,* qui sont situés dans l'abdomen, sur les côtés de la colonne vertébrale, devant les dernières fausses côtes. Un canal particulier conduit l'urine des reins dans la *vessie,* où elle s'accumule et en sort ensuite par un canal spécial. Ainsi, l'urine ne se rend point directement de l'estomac dans la vessie, comme on pourrait le croire ; c'est le produit d'une véritable sécrétion, tandis que les résidus solides de nos aliments ne sont point sécrétés.

Le sang fournit à toutes ces sécrétions intérieures et

extérieures ; lui-même, il se répare par l'absorption générale et par celle du chyle et des boissons. Une preuve incontestable que le sang dépose dans diverses parties du corps des éléments de la nutrition, et qu'il les reprend ensuite, consiste dans une expérience souvent répétée et facile à faire : si l'on mêle de la *garance* à la nourriture d'un animal, au bout de quinze ou vingt jours, les os prennent une teinte rouge, qui disparaît bientôt si l'on cesse l'usage de cette substance.

Composition du sang.

Le sang retiré du corps et abandonné à lui-même forme, au bout de quelques instants, une masse molle. Peu à peu cette masse se sépare en deux parties : l'une, liquide, jaunâtre, transparente, appelée *sérum* ; l'autre, molle, presque solide, d'un brun rougeâtre foncé, entièrement opaque : c'est le *caillot*. Celui-ci occupe le fond du vase, le sérum reste au-dessus.

Cette séparation spontanée des éléments du sang n'a lieu promptement qu'autant qu'il est en repos. Si on l'agite, il reste liquide beaucoup plus longtemps. Dans tous les cas, sa coagulation ne paraît due ni à l'action de l'air, ni à l'effet de la chaleur ; la cause en est inconnue.

Lorsque l'on examine, à l'aide d'une forte loupe ou d'un microscope, le sang de tous les animaux, on trouve qu'il est formé d'une multitude innombrable de petits *globules* qui nagent dans le sérum.

Dans l'homme et la plupart des animaux que l'on a nommés *mammifères*, ces globules sont circulaires (fig. 7). Dans les oiseaux, les reptiles et les poissons, ils sont toujours elliptiques. Les globules de l'*homme* ont un cent-cinquantième de millimètre d'épaisseur ; ils sont plus grands que ceux de la *chèvre*, mais ils sont plus petits que ceux de la *grenouille*, et beaucoup plus petits encore que ceux des *tritons* ou *salamandres d'eau*. Ces globules sont toujours élastiques pendant la vie ; ils se composent d'une pellicule, au centre de laquelle est un petit noyau solide.

Outre les globules rouges, on trouve dans le sang des animaux à squelette osseux des corpuscules blancs de deux sortes, de volume et de grandeur variables, dont les uns sont framboisés.

Le sang des crustacés, comme les écrevisses, et des animaux inférieurs, contient bien aussi des globules, mais toujours groupés de manière à présenter un aspect plus ou moins framboisé.

Chez tous les animaux à squelette osseux, le sang est d'un rouge vif, comme dans l'homme, et d'une couleur à peu près uniforme. Ce qui semble indiquer que la couleur du sang est un caractère essentiel chez ces animaux.

Chez tous les autres animaux, le sang est généralement blanc ou légèrement coloré : les uns ont du sang blanc ou rosé, d'autres du sang vert, du sang jaune ; les annélides (sangsues, vers de terre, mais non les vers intestinaux) ont presque tous le sang rouge.

On a cru un instant que les insectes avaient tous le sang blanc, mais quelques-uns ont le sang rougeâtre.

VISION.

La vision est cette fonction par laquelle nous distinguons les objets et plusieurs de leurs propriétés, quoiqu'ils soient situés à une certaine distance de nous. Elle ne peut s'opérer qu'avec le secours d'un agent extérieur, que nous appelons *lumière*, et s'opère toujours au moyen des yeux, qui sont spécialement destinés à cette fonction. Les impressions reçues par les yeux sont transmises au cerveau par des nerfs particuliers, et notre intelligence les perçoit par un moyen qui nous sera probablement toujours inconnu.

Aucune étude n'est plus propre que celle de l'histoire naturelle à nous inspirer une reconnaissance infinie pour tous les soins que la Providence a pris en nous créant. Non-seulement elle nous a pourvus de tous les organes qui peuvent contribuer à l'exercice des diverses fonctions de la vie, mais ces organes, si admirablement construits que l'ouvrier le plus habile ne peut jamais parvenir à les imiter, sont encore mûnis de toutes les pièces nécessaires pour les préserver des divers accidents auxquels ils peuvent être exposés.

Ainsi l'œil est un instrument d'optique de beaucoup supérieur à tous ceux que l'on a pu construire. Pour qu'il puisse recevoir facilement les impressions de la lumière, sa texture est extrêmement délicate, et la moindre cause pourrait l'altérer; aussi la Providence a-t-elle placé devant cet appareil une série d'organes, dont l'usage est de le protéger et de le maintenir dans

Pl. 2.

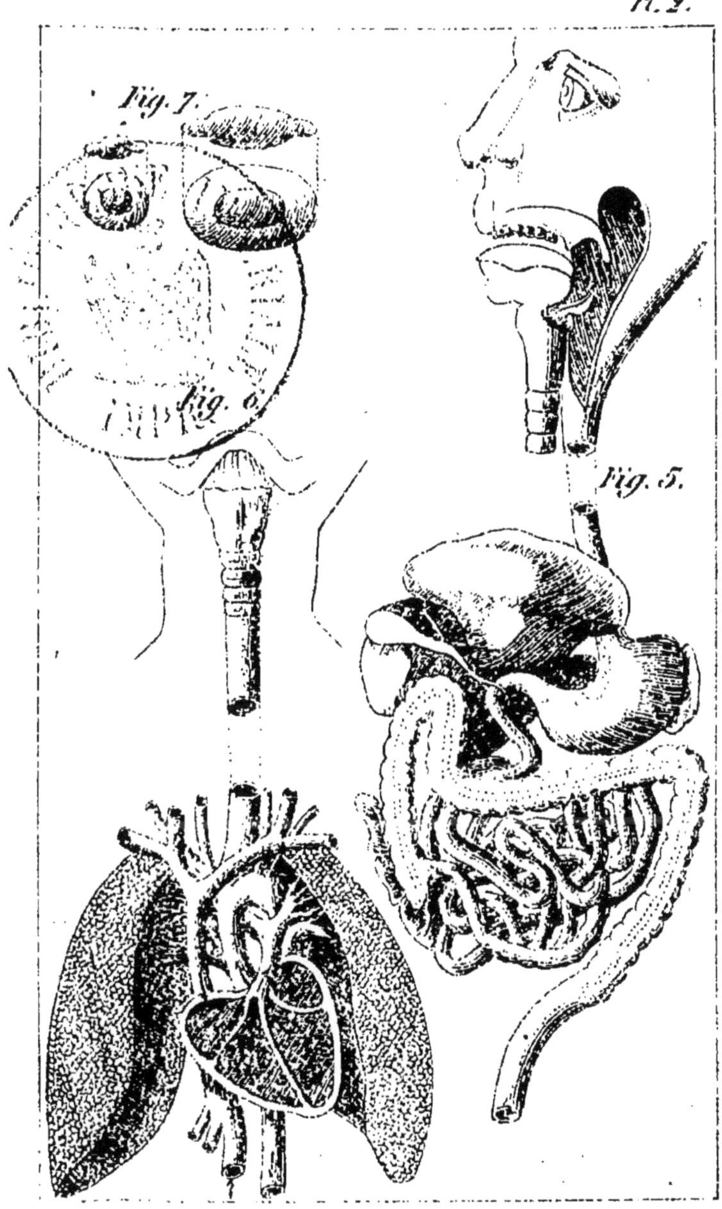

Lith. Sauer 7, Pass Dauphine, Paris.

les conditions nécessaires à l'exercice de ses fonctions.

Les *sourcils* forment une saillie qui protége l'œil contre les violences extérieures; les poils qui les composent, dirigés obliquement et enduits d'une matière huileuse, s'opposent à ce que la sueur coule vers l'œil et aille irriter la surface de l'organe; ils la dirigent vers la tempe et la racine du nez.

Les *paupières* recouvrent l'œil pendant le sommeil, le garantissent du contact des corps étrangers qui voltigent dans l'air; leur mouvement habituel, que nous nommons *clignement*, s'oppose aux effets nuisibles du contact trop prolongé de l'air sur le globe de l'œil. Elles servent aussi à modérer l'effet d'une lumière trop vive en se rapprochant, et diminuant ainsi l'étendue par laquelle la lumière peut pénétrer dans l'œil. Les *cils* dont elles sont pourvues écartent de l'œil les atomes qui voltigent dans l'air.

Pour que les images qui se forment dans l'œil soient nettes et fidèles, il faut que la surface par laquelle pénètre la lumière soit toujours lisse et d'un poli parfait. Les *larmes*, sécrétées par une glande particulière, sont destinées à cet objet.

L'OUIE, L'ODORAT ET LE GOUT.

L'*ouïe* est le sens par lequel nous pouvons entendre les sons, comme la vue est le sens par lequel nous recevons la lumière. Le son est le résultat de l'impression que produit sur l'oreille un mouvement de va-et-vient appelé *vibration*, et qui est imprimé aux corps par la percussion ou toute autre cause.

Les *odeurs* pénètrent par les *narines*, et vont toucher la *membrane pituitaire* qui revêt les cavités nasales ; de là, elles sont transmises par des nerfs au cerveau. Le sens de l'odorat nous donne souvent des avis salutaires sur la nature de nos aliments. En général, un corps dont l'odeur est désagréable est un aliment peu utile, et souvent même dangereux.

Le *goût* est le sens par lequel nous recevons les impressions des saveurs. La *langue* paraît en être le principal organe; elle est couverte de saillies appelées *papilles*, qui favorisent cet effet. Toutes les parties intérieures de la bouche et le canal de la digestion jusqu'à l'estomac sont sensibles aux saveurs.

TOUCHER.

Le toucher nous sert à connaître la plupart des propriétés des corps. Le principal organe par lequel il s'exerce est la *peau*, qui se compose d'une couche fibreuse appelée *derme* ou *peau vive*, et qui adhère aux diverses parties des corps qu'elle recouvre.

Le derme sécrète une matière solide qui le recouvre extérieurement, et qui constitue l'*épiderme* ou *peau morte*. Cet épiderme adhère fortement à la peau vive; il est percé d'une infinité de petits trous, dont les uns laissent passer les poils, et les autres la matière de la transpiration, en même temps qu'ils servent à l'absorption qui se fait par la peau. Ces derniers sont appelés les *pores de la peau*.

L'épiderme est insensible; il ne jouit d'aucune des

propriétés de la vie; il n'est point sujet à la putréfaction. Il s'use et se répare continuellement aux dépens du derme. Son épaisseur augmente ou diminue selon le besoin. Ainsi les personnes qui font des ouvrages grossiers avec les mains ont la peau de cette partie du corps extrêmement rude, parce qu'elle se recouvre d'un épiderme très-épais.

VOIX.

La voix est le son produit par les vibrations de l'air qui sort des poumons, et qui sont modifiées par l'action de la langue. Tous les différents tons ou accents dépendent uniquement de l'ouverture plus ou moins grande de la glotte, de ses mouvements et de ceux du conduit aérien.

A la naissance de la langue commencent deux canaux parallèles, l'*œsophage* et la *trachée-artère* (fig. 5). Le premier canal reçoit les boissons et les aliments solides pour les porter dans l'estomac; l'autre, plus intérieur, porte l'air aux poumons, et donne issue à celui qui sort de cette machine pneumatique. Dès qu'il entre quelque autre matière que de l'air dans la trachée, de la mie de pain, par exemple, on ressent à l'instant une toux convulsive. Cet accident arrive quelquefois à ceux qui parlent et surtout qui rient en mangeant, et c'est ce qu'on appelle *avaler de travers*. On a peine à concevoir que, malgré le danger qu'il y a de laisser tomber le moindre corps dans la trachée, c'est cependant par-dessus l'orifice de ce canal que le Créateur a préparé à toutes nos nourritures la route qu'elles doivent prendre pour arriver dans l'œsophage et l'estomac. Mais, par un artifice dont la hardiesse est digne de l'auteur de toute mécanique, il se trouve au-dessus de la trachée un petit pont-levis, ou soupape, qui se hausse pour le passage de l'air, soit qu'il entre par l'inspiration, soit qu'il sorte par l'expiration, mais qui s'abaisse de manière à fermer exactement l'ouverture du canal dès que la plus petite parcelle de liquide ou de solide se présente pour l'œsophage. La grande beauté de cette mécanique consiste en ce que la moindre portion de nourriture foule dans sa descente les nerfs du bas de la langue, dont l'action est toujours suivie de l'abaissement du pont sur la trachée, avant que la nourriture ou la boisson y arrive.

Mais ces merveilles, qu'on ne peut entrevoir sans étonnement, sont dans tout le corps humain et dans tous les corps animés en aussi grand nombre que les organes, c'est-à-dire, innombrables. Le naturaliste les observe attentivement, leur assigne un nom, connaît l'action des plus sensibles; dispute sur l'usage des autres, et confesse que la structure de tous, quand on veut bien l'approfondir, est un abîme où la vue et la raison viennent s'engloutir.

CLASSIFICATION DES ANIMAUX.

Il existe quatre formes principales, quatre plans généraux, d'après lesquels tous les animaux semblent avoir été modelés, et qui constituent autant de divisions ou *embranchements* du règne animal.

Dans la première de ces formes, qui est celle de l'homme et des animaux qui lui ressemblent le plus, la matière cérébrale est renfermée dans une enveloppe osseuse qui se compose du crâne et des vertèbres; aux côtés de cette colonne mitoyenne s'attachent les côtes et les os des membres qui forment la charpente du corps; les viscères sont renfermés dans la tête et dans le tronc. Ces sortes d'animaux sont appelés VERTÉBRÉS. Tout les animaux domestiques, tous les quadrupèdes, tous les oiseaux, tous les serpents, tous les poissons à arêtes sont des vertébrés. Ils ont cinq sens distincts comme l'homme.

La deuxième forme est celle que l'on observe dans les insectes, les vers de terre, etc. L'enveloppe de leur tronc est divisée par les plis transverses en un certain nombre d'anneaux tantôt durs, tantôt mous. Le tronc porte souvent à ses côtés des membres articulés comme dans les mouches, les araignées, etc.; mais souvent aussi il en est dépourvu, comme dans les vers de terre, les sangsues. Ces animaux sont appelés ARTICULÉS.

Dans la troisième forme il n'y a point de squelette; les muscles sont attachés seulement à la peau, qui forme une enveloppe molle, contractile en divers sens, dans laquelle s'engendrent souvent des plaques pierreuses appelés *coquilles*. Le goût et la vue sont les seuls sens dont on trouve chez ces animaux des organes distincts; encore ceux de la vue manquent-ils souvent. Ces animaux ont reçu le nom de MOLLUSQUES. Les *huîtres*, les *moules*, les *limaces* sont des mollusques.

Enfin, la quatrième forme embrasse tous les animaux connus sous le nom de ZOOPHYTES, c'est-à-dire animaux-plantes. Leurs organes du mouvement et des sens sont disposés comme des rayons autour d'un centre, tandis que dans les trois premiers embranchements ils étaient toujours diposés symétriquement autour d'un axe ou plan central. Ces animaux ressemblent souvent à des plantes, comme le corail, à des champignons, comme les méduses, à des guirlandes de lierre, etc.

Ils sont beaucoup plus communs qu'on ne le pense, et pullulent, non-seulement dans la mer, où presque tous les récifs sont leur ouvrage, mais jusque dans les eaux douces, où leur petitesse extrême les soustrait aux regards vulgaires. Presque toutes les matières gluantes qui s'attachent aux végétaux ou aux pierres dans les eaux stagnantes sont des agglomérations de zoophytes.

Le tableau suivant résume les principes de la division que nous venons d'indiquer :

Corps.	symétrique.	Charpente intérieure et solide.	1er embranchement. VERTÉBRÉS.
		Charpente extérieure, composée d'anneaux mous ou solides.	2e embranchement. ARTICULÉS.
		Charpente nulle ; Corps mou.	3e embranchement. MOLLUSQUES.
	Non symétrique.		4e embranchement. ZOOPHYTES.

DEUXIÈME SECTION

PREMIER EMBRANCHEMENT DU RÈGNE ANIMAL

LES VERTÉBRÉS.

Chez tous ces animaux, la tête est distincte du corps. Ils n'ont jamais plus de deux paires de membranes; mais quelquefois elles manquent l'une ou l'autre, ou toutes les deux; leurs formes varient suivant les mouvements qu'elles doivent exécuter. Les membres antérieurs peuvent être organisés en mains, en pieds, en ailes ou en nageoires; les postérieurs, en pieds ou en nageoires.

Ils ont tous un cœur charnu comme celui de l'homme, et un appareil particulier pour la respiration. Lorsque la respiration est aérienne, comme chez l'homme, cet appareil est un *poumon*, c'est-à-dire, un assemblage de cellules où l'air pénètre; mais lorsque la respiration est aquatique, l'appareil est formé de *branchies* qui sont des séries de lames entre lesquelles l'eau pénètre, et sur lesquelles cette eau agit par le moyen de l'air qu'elle contient toujours. Les *ouïes* des poissons sont des branchies.

Leur sang est toujours rouge et circule dans des *artères* et des *veines*, en passant par le cœur et l'organe de la respiration. Les veines sont les canaux qui amènent le sang dans l'appareil de la circulation, et les artères sont les canaux qui le redistribuent dans le corps.

On divise les vertébrés en quatre classes, *mammifères, oiseaux, reptiles* et *poissons*, d'après les caractères résumés dans le tableau suivant :

Vertébrés.	Pourvus de mamelles.			1re classe. MAMMIFÈRES.
	Dépourvus de mamelles.	Couverts de plumes.		2e classe. OISEAUX.
		Dénués de plumes.	Respirant par des poumons.	3e classe. REPTILES.
			Respirant par des branchies.	4e classe. POISSONS.

PREMIÈRE CLASSE.

MAMMIFÈRES.

Les mammifères sont de tous les animaux ceux qui jouissent des facultés les plus multipliées, des sensations les plus délicates, des mouvements les plus variés, et où l'ensemble de toutes les propriétés paraît être combiné pour produire une intelligence plus parfaite, plus féconde en ressources, moins esclave de l'instinct, et plus susceptible de perfectionnement.

Ils sont, en général, disposés pour marcher sur la terre; mais cependant quelques-uns peuvent s'élever dans l'air au moyen de membres prolongés et de membranes étendues; d'autres ont les membres tellement raccourcis, qu'ils ne se meuvent aisément que dans l'eau.

La subdivision des mammifères en ordres est principalement basée sur les organes du toucher, d'où dépend leur plus ou moins d'habileté ou d'adresse, et sur les organes de la manducation, qui déterminent la nature de leurs aliments, et doivent par conséquent influer sur leurs habitudes et leur intelligence, en vertu de cette harmonie qui éclate dans tous les objets de la création.

Les organes du toucher sont d'autant plus parfaits que les doigts sont plus nombreux et plus mobiles, et que leur extrémité est moins enveloppée dans l'ongle, qui prend le nom de *sabot* lorsqu'il enveloppe tout le doigt, comme dans le cheval, le bœuf et le mouton.

Il est bien évident qu'un sabot enveloppant tout à fait la partie du doigt qui touche la terre, y émousse le tact, et rend le pied incapable de saisir.

Le régime des animaux se juge par les dents mâchelières, avec la forme desquelles l'articulation de la mâchoire est toujours en harmonie.

Pour couper de la chair, il faut des dents tranchantes comme une scie, et des mâchoires serrées comme des ciseaux, qui ne puissent que s'ouvrir et se fermer, comme on l'observe dans le chien et surtout dans le chat, qui est un des animaux les plus carnassiers que l'on connaisse.

Pour broyer des graines ou des racines, il faut des mâchelières à couronne plate, et des mâchoires qui puissent se mouvoir horizontalement, comme dans le mouton, le bœuf, le cheval, le cerf, etc.

Les animaux à sabots sont tous nécessairement herbivores, ou à couronne de mâchelière plate, parce que leurs pieds ne leur permettraient pas de saisir une proie vivante, et que la Providence, dans sa haute sagesse, a toujours imposé à chaque animal les habitudes les plus conformes à son organisation.

Parmi les animaux dont les doigts sont pourvus d'ongles, il en est qui jouissent, comme l'homme, de la faculté d'opposer le pouce aux autres doigts, pour saisir les plus petites choses; cette disposition constitue la *main* proprement dite. Les singes ont quatre mains, et sont rangés dans un ordre qui porte le nom de QUADRUMANES. Tous les quadrumanes ont, comme l'homme, trois sortes de dents, des *mâchelières*, ou *molaires*, des *canines* et des *incisives*.

Un autre ordre, celui des CARNASSIERS, n'a point de pouce libre, mais il est encore pourvu des trois sortes de dents que l'on trouve chez l'homme et chez les singes. Le *chien* et le *chat* appartiennent à cet ordre.

Un troisième ordre, celui des RONGEURS, dont les doigts diffèrent peu de ceux des carnassiers, manquent de canines, et porte en avant des incisives disposées pour une sorte toute particulière de manducation. Les *lapins*, les *lièvres*, les *rats*, les *marmottes*, sont des rongeurs.

Viennent ensuite des animaux dont les doigts sont déjà fort gênés, fort enfoncés dans de grands ongles, le plus souvent crochus, et qui ont encore cette imperfection de manquer d'incisives. Quelques-uns manquent même de canines, et d'autres n'ont point de dents du tout. Tous ces animaux sont compris sous le nom d'ÉDENTÉS: il n'en existe pas dans nos climats.

Parmi les animaux à sabots, moins nombreux que les animaux à ongles, on forme un ordre des RUMINANTS, qui se distinguent par les pieds fourchus, la mâchoire supérieure sans vraies incisives, et quatre estomacs. Le *bœuf* et le *mouton* sont des ruminants.

Tous les quadrupèdes à sabots qui ne ruminent point, forment un ordre à part que l'on appelle PACHYDERMES. Le *cheval*, l'*éléphant* et le *cochon* sont des pachydermes.

Parmi les carnassiers, les rongeurs et les édentés, il se trouve des animaux, tels que les *sarigues* et les *kanguroos*, liés entre eux par une organisation fort singulière : ils portent une poche qui sert à loger leurs petits, et pour cette raison on les range à part sous le nom de MARSUPIAUX ou ANIMAUX A BOURSE. Ils forment trois ordres, savoir : les MARSUPIAUX CARNASSIERS, les MARSUPIAUX RONGEURS OU FRUGIVORES, et les MARSUPIAUX ÉDENTÉS OU MONOTRÈMES.

Enfin viennent les mammifères aquatiques, qui n'ont point de membres postérieurs, comme les mammifères terrestres : ce sont les *poissons à sang chaud* des anciens. On les distingue en SIRÉNIENS OU PACHYDERMES AQUATIQUES (*lamantins, dugongs*) et CÉTACÉS OU ÉDENTÉS AQUATIQUES. C'est parmi les cétacés que se trouvent les plus gigantesques de tous les animaux, la *baleine* et le *cachalot*.

La division que nous venons d'exposer peut se résumer par le tableau suivant :

				Terrestres et quadrupèdes.		Aquatiques et bipèdes.
				Sans poches pour loger leurs petits	Pourvus de poches pour loger leurs petits	
Mammifères.	A ongles.	Trois sortes de dents.	Pouce opposable.	QUADRUMANES.		
			Pouce non opposable.	CHAUVES-SOURIS et CARNASSIERS.	MARSUPIAUX CARNASSIERS.	
		Moins de trois sortes de dents.	Incisives en avant.	RONGEURS.	MARSUPIAUX FRUGIVORES.	
			Point de dents en avant.	TARDIGRADES et ÉDENTÉS.	MONOTRÈMES.	CÉTACÉS.
	A sabots.	Ne ruminant pas		PACHYDERMES.	. . . . .	SIRÉNIENS.
		Ruminant (pieds fourchus).		RUMINANTS.		

ORDRE DES QUADRUMANES.

Chez ces animaux, les quatre pouces sont libres et opposables aux autres doigts, qui sont tous longs et flexibles ; aussi toutes ces espèces grimpent-elles aux arbres avec facilité, tandis qu'elles ne se tiennent et ne marchent debout qu'avec peine. On les divise en trois familles : *singes*, *ouistitis* et *makis*, d'après les caractères qu'indique ce tableau:

Quadrumanes.	A quatre incisives verticales.	Front plissé.	*Singes.*
		Front non plissé.	*Ouistitis.*
	A plus ou moins de quatre incisives non verticales.	. . . . . .	*Makis.*

Famille des singes.

Les singes sont des quadrumanes qui ont à chaque mâchoire quatre dents incisives droites, et à tous les doigts des ongles plats, comme les hommes. Leurs molaires sont aussi, comme les nôtres, des tubercules. Ils vivent essentiellement de fruits; mais leurs canines, dépassant les autres dents, leur fournissent une arme qui nous manque, et exigent un vide dans la mâchoire opposée, pour s'y loger quand la bouche se ferme.

Ces animaux forment l'une des familles naturelles les plus nombreuses, et c'est de toutes la mieux connue. La ressemblance de leur organisation avec la nôtre, et la facilité avec laquelle on les voit imiter nos actions, ont depuis longtemps fixé l'attention des naturalistes, et bien que leur histoire soit encore fort imparfaite, elle est cependant beaucoup plus avancée que celle des autres familles. Leur intelligence est, en général, très-développée, mais ce n'est pas dans la facilité avec laquelle ils imitent nos mouvements que l'on doit en chercher la preuve. Il n'est point étonnant, en effet, de voir un singe s'asseoir sur une chaise, boire dans un verre, servir à table, en un mot, imiter la plupart de nos mouvements, puisqu'il est conformé comme nous. Il est bien évident que le chien, ou tout autre animal, ne le pourrait pas sans une gêne extrême, parce que sa conformation s'y oppose. Ce n'est donc que dans les actes réfléchis qu'il faut chercher les preuves d'une intelligence supérieure chez les singes; nous en citerons bientôt divers exemples ; mais cette intelligence ne s'élève jamais jusqu'à la raison qui peut faire de l'homme un astronome, un agriculteur ou un littérateur.

Tous les singes ont les paumes des quatre mains revêtues d'une peau fine et délicate qui rend le toucher aussi sensible chez eux que chez l'homme, et plus developpé, puisqu'il s'exerce par quatre membres au lieu de deux. Les phalanges de leurs doigts sont en même nombre que celle des doigts de l'homme, mais plus allongées. Les espèces qui ont les phalanges les plus longues les ont en même temps arquées en dedans, ce qui leur permet de saisir facilement les objets.

Les pièces anatomiques de leurs membres antérieurs sont en tout semblables à celles de l'homme et disposées de la même manière. Dans les membres postérieurs, le doigt qui remplace notre gros orteil est bien développé, et capable de s'opposer aux autres doigts, comme le pouce de notre main. Du reste, leurs cuisses et leurs jambes de derrière sont composées des mêmes os que celles de l'homme; seulement ils sont plus mobiles et peuvent exécuter des mouvements plus variés.

Cette mobilité des quatre membres, et la flexibilité de tous leurs doigts, sont la cause des habitudes grimpantes des singes. Leur marche à deux pieds est moins assurée, moins fixe que chez l'homme ; et bien qu'ils puissent marcher horizontalement ou verticalement à volonté, ni l'une ni l'autre de ces attitudes ne leur est favorable ; ils ne sont à leur aise que sur les branches d'arbres, et l'on doit les considérer comme des animaux essentiellement grimpants.

Toute leur organisation est évidemment en rapport avec leurs habitudes. Leurs yeux ne sont disposés ni de face, comme chez l'homme, dont la marche est verticale, ni de côté, comme chez les autres quadrupèdes, dont la marche est horizontale ; le singe ne peut voir devant lui que dans une position oblique.

Plus on étudie l'histoire naturelle, plus on admire les prévisions du Créateur ; car il a su pourvoir à la conservation de chaque espèce, au milieu de cette guerre incessante que tous les animaux se font entre eux. Il y a des singes trop faibles pour se défendre par la force contre leurs ennemis, trop mal organisés pour suppléer à la force par l'adresse : ceux-là sont doués d'une intelligence surprenante, et la ruse est pour eux une arme défensive aussi efficace que la force peut l'être pour les grandes espèces. Il y a d'autres singes faibles, impuissants, sans ruse et sans adresse, incapables d'échapper par la fuite aux poursuites de leurs ennemis, et de se défendre par la force contre leurs attaques : ceux-là sont nocturnes ; ils ne paraissent sur la scène du monde qu'au moment où les autres n'y sont pas.

Chaque continent possède une sorte de singe qui lui

est propre et qui ne se reproduit point ailleurs. Chaque espèce a sa patrie, dont elle ne s'éloigne jamais. Tous les singes de l'ancien continent ont les narines en avant et au-dessous du nez : elles ont à peu près la forme et la position de celles d'un homme qui aurait le nez retroussé et aplati. Tous les singes du nouveau continent ont, au contraire, les narines placées sur les côtés du nez, et sous forme de fente. Presque tous les singes de l'ancien continent ont de chaque côté de la figure, une sorte de poche qui sert à loger provisoirement les aliments, et que l'on nomme *abajoue;* on ne trouve de pareilles poches chez aucune espèce du nouveau monde.

Il existe des singes dans toutes les parties chaudes de l'ancien monde, excepté à Madagascar, où ils sont remplacés par des makis. En Europe, on n'en connaît que sur le rocher de Gibraltar; ils y ont probablement été apportés de l'Afrique, où il en existe un grand nombre, et trouvant là une température peu différente de celle de leur patrie, il se seront facilement acclimatés.

C'est à l'ancien monde qu'appartiennent ces espèces supérieures, si voisines de l'homme par l'ensemble de leur organisation. Malheureusement leurs habitudes, qui doivent inspirer un si vif intérêt, sont peu connues; car ces animaux sont excessivement sauvages, et préfèrent la mort à la perte de leur liberté. On ne peut les prendre vivants que dans le jeune âge; les vieux se font toujours tuer, et les jeunes meurent bientôt en captivité dans nos climats. A la tête des singes se font remarquer les *troglodytes*, ou *chimpanzés*, et les *orangs*.

Chez les *troglodytes* (fig. 8), la proportion des membres est à peu près la même que chez l'homme.

Leurs ongles sont plats comme les nôtres. Leurs oreilles sont plus grandes, mais elles présentent les mêmes replis que dans l'homme, et sont placées de la même manière. Leur nez, très-peu saillant, peut être comparé à un nez humain retroussé et aplati. Leur front, très-développé, paraît cependant rejeté en arrière, parce que les éminences des sourcils sont très-développées et masquent la partie antérieure du cerveau. Tout leur squelette est humain dans son ensemble, et en diffère peu dans ses proportions. Leur pouce antérieur est exactement celui d'une main d'homme, leur pouce postérieur est d'une grosseur considérable par rapport aux autres doigts, et se dirige latéralement comme un orteil déjeté en dedans. Leur dos et le dessus de leurs membres sont bien garnis de poils; mais les parties inférieures, la poitrine et le ventre, sont presque nues. Le poil de l'avant-bras est dirigé d'arrière en avant; celui du bras est, au contraire, dirigé de la main vers l'épaule. Ils ont tous, à tout âge, des favoris bien développés.

On prétend que les chimpanzés approchent de la taille de l'homme, ou la surpassent; mais cette grandeur paraît exagérée, et le Muséum d'histoire naturelle ne possède ni individu ni portion de squelette qui indique une taille supérieure à celle d'un enfant de trois ou quatre ans. Qu'on se figure un nain de trois pieds, couvert de poils noirs ou bruns, rares en avant, mais épais par derrière, avec un pied fort élargi vers son extrémité, le ventre assez gros, la bouche fort large et saillante, le nez épaté, on aura l'image assez fidèle d'un troglodyte.

Ces singes habitent les forêts voisines des côtes occidentales de l'Afrique, dans la Guinée et le Congo, où ils vivent en troupes, se construisent des huttes de feuillage, savent s'armer de pierre et de bâtons, et les emploient à repousser loin de leur demeure les hommes et les éléphants. On dit qu'ils enlèvent souvent des enfants, les emmènent dans les bois, et leur font partager leur genre de vie. Aussi les habitants ont-ils une haute idée de ces animaux, qu'ils regardent comme des hommes sauvages, et citent comme preuve de leur prudence un fait assez singulier. Les chimpanzés, disent-ils, viennent souvent se chauffer au feu que nous allumons, mais ils ne l'attisent jamais, bien qu'ils nous le voient faire, parce qu'ils ont peur de mettre le feu à la forêt et de détruire leur habitation. Si les troglodytes ont, en effet, assez de prudence pour ne point attiser le feu dans la crainte d'embrasser leurs forêts, ils devraient être assez raisonnables au moins pour éteindre ces feux dès qu'ils ne s'en servent plus, et assez habiles pour faire eux-mêmes du feu plus loin de leur demeure.

En domesticité, le troglodyte montre assez de docilité pour être dressé à marcher, à s'asseoir et à manger à notre manière. Le singe dont Buffon avait fait en quelque sorte son domestique était un troglodyte. Cet animal mange les mêmes choses que l'homme, ce qui est une conséquence de l'organisation de son canal digestif. Sa voix, peu retentissante, est une sorte de sifflement. Excessivement preste et habile, il mène une vie grimpante et saute de branche en branche avec une grande facilité. Cependant il marche aussi, quoique avec peine, et lorsqu'il est à terre, sa position naturelle est celle d'un enfant accroupi, posant la main droite à terre, avec les doigts repliés comme pour caler une bille.

La ménagerie de Paris possédait, en 1848, un jeune chimpanzé, âgé de huit à neuf mois, venu des côtes du Sénégal. Il offrait dans ses habitudes l'apparence d'un enfant de trois ans dont le caractère serait grave et réfléchi. On n'observait en lui ni ces mouvements saccadés, ni cette turbulence de gestes, ni cette absence d'attention soutenue, si caractéristique de la famille des *singes*. Il était calme, presque affectueux, et donnait des poignées de mains aux personnes qui venaient le voir, avec cet air demi-solennel qu'y mettrait un vieil Arabe.

Sa nouriture était recherchée; on lui donnait du chocolat, de la viande rôtie, du vin, même des liqueurs. On n'a pu le conserver que trois mois; aucun orang ou troglodyte n'a pu vivre un an dans nos climats.

A côté des chimpanzés se placent les ORANGS-OUTANGS. *Orang* est un mot malais qui signifie *être raisonnable*, et qui s'applique à l'homme, aux singes dont il est ici question, et à l'éléphant; *outang* veut dire *sauvage* ou *des bois*. C'est pourquoi les voyageurs traduisent *orang-outang* par *homme des bois*.

Les orangs se distinguent des troglodytes par des bras assez longs pour atteindre à terre lorsqu'ils sont debout, tandis que ceux des troglodytes ne descendent que jusqu'aux genoux. Les phalanges de leurs doigts sont aussi plus arquées en dedans, ce qui annonce une vie plus essentiellement grimpante; on dirait que leur main a été moulée sur la branche qu'elle est destinée à saisir. Quand ils sont jeunes, leur tête ressemble parfaitement à celle d'un enfant par sa forme, la grandeur de son front et le volume de son cerveau; mais dans l'espèce humaine, le front présente au-dessus du nez une partie concave, située entre deux proéminences; chez l'orang, au contraire, le front présente en avant une saillie entre deux concavités. Cette saillie se prolonge au-dessus du crâne, en forme de crête assez peu sensible dans le jeune âge; mais à mesure que l'animal vieillit, cette crête prend un grand développement, les mâchoires s'élargissent, le museau devient très-proéminent, le crâne diminue considérablement, tout en conservant la forme arrondie qui le fait ressembler beaucoup à celui de l'homme.

Les facultés intellectuelles s'affaiblissent proportionnellement à la diminution du cerveau; et l'orang-outang, après avoir été dans sa jeunesse un être vraiment comparable aux enfants des hommes par ses habitudes et le grand développement de son intelligence, devient dans l'âge adulte une bête brute des plus redoutables. Suivant les apparences, le singe de Bornéo, connu sous le nom de *pongo*, si célèbre par sa grande taille et sa férocité, n'est autre qu'un orang très-âgé.

Ces singes habitent les îles de l'Asie, principalement Sumatra et Bornéo. On en trouve aussi sur le continent voisin, dans la Cochinchine et à Malacca. Partout ils jouissent d'une haute réputation d'intelligence, et se font surtout remarquer par une qualité qui leur est d'ailleurs commune avec tous les singes : c'est l'extrême tendresse des mères pour leurs petits. Mais chez les orangs, cette tendresse paraît avoir quelque chose de raisonné que l'on n'observe pas chez les autres singes. Lorsqu'une mère se sent blessée dangereusement, elle assujettit son petit sur les branches pour l'empêcher de tomber, ou le jette à quelque singe voisin qui puisse l'emporter.

Les orangs-outangs sont les plus grands de tous les

singes. Il existe au musée d'histoire naturelle de Paris un squelette de pongo aussi grand qu'un squelette humain, et qui doit avoir appartenu à un singe d'au moins cinq pieds. On sait malheureusement peu de chose sur leurs mœurs et leurs habitudes à l'état de liberté ; car, de même que les troglodytes, ils sont excessivement sauvages, et ne se laissent jamais approcher tant qu'ils sont en état de fuir. Lorsqu'ils sont attaqués et blessés de manière à ne pouvoir s'échapper, ils se défendent jusqu'à la dernière extrémité, et se font toujours tuer. Ce grand courage, joint à une force physique considérable et une vie extrêmement tenace, en font des ennemis dangereux que l'on ose rarement poursuivre. A grand'peine parvient-on à s'en procurer quelques jeunes, encore trop faibles pour fuir ou se défendre. Mais les vieux se tiennent toujours hors de la portée des traits de l'homme, et vivent dans des lieux tellement retirés et touffus, qu'on ne peut ni les y observer ni les y atteindre.

L'orang qui a vécu à la ménagerie de Paris, dans ces derniers temps, venait de Sumatra. C'est celui de tous qui a été le mieux étudié; mais malheureusement on ne l'a connu que fort jeune ; il n'a pu résister longtemps à notre climat. Il fut pris entre les bras de sa mère, au moment où cette malheureuse bête grimpait sur un arbre, emportant son petit dans un bras et s'accrochant de l'autre ; on lui coupa ce bras libre d'un coup de hache ; elle tomba en poussant des cris lamentables, et faisant tous ses efforts pour sauver son petit ; mais, prise elle-même, elle ne put survivre à sa captivité et à sa blessure. Le petit, dont on ignorait l'âge, qui, suivant les uns, n'avait que neuf à dix mois, et, suivant les autres, avait près de trois ans, fut logé, à bord du navire, non dans une cage comme les animaux ordinaires, mais dans une chambre où on le nourrissait et traitait comme un enfant. Arrivé en France, il fit le voyage depuis le port jusqu'à Paris dans une voiture suspendue, assis sur la banquette comme une personne ordinaire. On le logea, au Jardin des Plantes, dans une chambre voisine de celle du gardien, avec les enfants duquel il se lia bientôt et conçut pour eux une vive affection, les enlaçant dans ses bras et les caressant avec beaucoup d'adresse. Ses caresses étaient entremêlées de petites colères comme celles de nos enfants; mais il ne faisait jamais de méchancetés, et aimait beaucoup les chiens, comme tous les enfants. Un jour, M. Werner étant occupé à faire son portrait, il resta d'abord quelque temps parfaitement tranquille, observant ce que l'on faisait; puis tout à coup, il saisit une feuille de papier avec un crayon et voulut dessiner; il traça quelques lignes informes, et rejeta bientôt crayon et papier pour s'occuper d'autre chose. Il faisait de très-fréquentes visites aux enfants et surtout à la cuisine; dans la crainte qu'il n'altérât sa santé par intempérance, on prit le parti de fermer la porte à clef, mais il sut bientôt l'ouvrir; alors on mit un pêne assez rude; il y avait, au milieu de la chambre, une corde suspendue au plafond, avec un nœud au bas, pour qu'il pût grimper et se balancer à son gré, exercice qui lui plaisait beaucoup: il attacha cette corde au pêne, tira par le nœud, et parvint à ouvrir la porte. On raccourcit la corde en faisant plusieurs nœuds dans la partie supérieure; il sut bien encore lever cet obstacle et défaire les nœuds, qu'il atteignit, non point en grimpant par la corde, car alors son propre poids aurait fait serrer ces nœuds davantage et rendu ce qu'il se proposait de faire plus difficile ou même impossible; mais il grimpa le long de divers objets, et, s'accrochant d'une main à l'anneau qui supportait la corde, il défit les nœuds avec l'autre main, et se servit encore de la corde pour tirer le pêne et ouvrir la porte. On prit alors le parti de mettre un verrou par derrière, et il ne put plus ouvrir. Voyant un jour sur une table un vase qui venait de se renverser et dont l'eau se répandait, il approcha sa main pour le soutenir et le redresser. Enfin, dans une autre circonstance, ayant été griffé par un chat, il le prit dans ses bras, l'examina très-attentivement, et reconnaissant d'où venait le mal, il se mit en devoir d'arracher les griffes; mais on lui retira le chat, qui ne se serait pas volontiers laissé faire.

Il y a visiblement dans ces diverses actions une suite de raisonnements remarquables, et nul autre animal connu n'en ferait autant. On ne peut donc point contester que l'intelligence s'élève chez les jeunes orangs jusqu'à la raison, mais elle s'affaiblit prodigieusement avec l'âge, et la stupidité la plus obtuse succède bientôt à cette faible lueur de raison, et vient faire rentrer l'orang-outang dans la classe des animaux.

On ne sera point étonné, néanmoins, d'après ce qui vient d'être dit, que les orangs jouissent d'une si haute réputation d'intelligence, puisque les jeunes, les seuls que l'on puisse voir de près, font des choses si surprenantes pour des animaux.

Le jeune orang-outang dont nous venons de parler aimait toujours mieux grimper que marcher: cependant il marchait quelquefois, mais en se tenant accroupi et s'appuyant à la fois sur ses deux mains exactement comme un cul-de-jatte.

Famille des ouistitis.

Cette famille se compose de petits animaux fort jolis (fig. 9), de forme agréable, s'apprivoisant aisément et que l'on prendrait au premier abord pour de véritables singes. Mais ils s'en distinguent aisément par des ongles comprimés, pointus et crochus comme de véritables griffes, à tous les doigts, excepté aux pouces de derrière qui ont des ongles plats. Leur queue est très-longue, très-grêle et non susceptible de s'accrocher. Leur main de devant ressemble à une véritable patte d'écureuil, incapable de saisir comme une main de singe, parce que le pouce ne peut pas s'opposer aux autres doigts. Leur intelligence est beaucoup plus bornée que celle des singes, aussi leur cerveau ne présente point de replis : il est lisse comme celui de l'écureuil. Ils vivent sur les sommités des arbres, recherchant les insectes, les œufs et les oiseaux même, dont ils sucent le sang, mangent la cervelle et les parties délicates, puis rejettent le reste. Du reste, ils sont réellement omnivores, et se contentent de fruits ou de légumes lorsqu'ils ne peuvent pas trouver assez de matières animales.

Familles des makis.

Ce sont aussi de fort jolis animaux, semblables aux singes. Ils n'habitent que dans l'île de Madagascar, où les singes n'existent pas. Leurs quatre pouces sont bien développés et opposables; leur premier doigt de derrière est armé d'un ongle pointu et relevé; tous les autres ongles sont plats, comme chez les singes. Leur pelage est laineux; leurs dents sont des tubercules aigus engrenant les uns dans les autres, comme dans les animaux qui vivent d'insectes. Leurs pieds de devant font l'office de mains; leur queue est fort longue, et la grosseur de leur corps, qui est effilé, est la même que celle des singes ordinaires. Leur museau est allongé comme celui d'une fouine.

Il existe un grand nombre d'espèces de makis, parmi lesquelles on distingue le *mococo* (fig. 10), d'un gris cendré, avec la queue annelée de noir et de blanc. C'est un fort joli animal, de la grosseur d'un chat, d'un caractère doux et très-sociable; mais il pousse des cris fréquents extrêmement désagréables et capables d'effrayer la plupart des animaux. Son agilité surpasse de beaucoup celle de tous les autres animaux. On a vu un mococo, renfermé dans une grande chambre, s'élancer du sol contre un des murs, puis de ce mur sur le voisin, et, sautant ainsi successivement d'un mur à l'autre, il faisait le tour de la chambre un grand nombre de fois sans retomber, et sans s'accrocher à rien qui pût l'aider à se soutenir. Quelle prodigieuse vigueur il fallait déployer pour résister aussi longtemps à l'action de la pesanteur! Cet animal avait un besoin extrême de chaleur; non content de s'approcher du feu, il venait se placer sur les bûches embrasées, de manière que son poil en était tout roussi. Pendant les plus fortes chaleurs de l'été, il s'étalait au soleil, ayant soin de fermer les yeux et de placer sa tête dans l'obscurité, parce qu'il ne pouvait supporter la lumière vive du jour.

Le mococo vit fort bien parmi les singes, et ne redoute pas les plus forts, car son cri suffit pour les effrayer. Du reste, son caractère fort doux ne le porte jamais à se battre; dès qu'un animal importun s'approche de lui, il crie, et cela suffit pour le faire redouter

ORDRE DES CARNASSIERS.

Ces nombreux animaux sont tous des quadrupèdes à doigts pourvus d'ongles. Ils possèdent, comme l'homme et les quadrumanes, trois sortes de dents, mais ils n'ont pas de pouce opposable à leur pied de devant. Ils vivent tous de matières animales, et d'autant plus exclusivement que leurs mâchelières sont plus tranchantes. Ceux qui les ont en tout ou en partie tuberculeuses, prennent aussi plus ou moins de substances végétales, et ceux qui les ont hérissées de pointes coniques se nourrissent principalement d'insectes. Leur mâchoire inférieure ne peut exécuter aucun mouvement horizontal, elle ne peut que se fermer et s'ouvrir comme une lame de ciseau.

Le sens de l'odorat est très-développé chez tous les carnassiers, parce qu'ils en ont besoin pour flairer leur proie et la découvrir de loin. Leurs intestins sont peu volumineux, à cause de la nature substantielle de leurs aliments, et pour éviter la putréfaction que la chair éprouverait en séjournant trop longtemps dans un canal prolongé.

Ces animaux, très-variés, ont été classés par familles, toutes bien distinctes par des caractères très-saillants, de sorte qu'on pourrait en former autant d'ordres différents.

Carnassiers	Pourvus d'ailes.		1re famille. CHAUVES-SOURIS.
	Sans ailes.	Molaires hérissées de pointes coniques.	2e famille. INSECTIVORES.
		Molaires non hérissées de pointes coniques.	3e famille. CARNIVORES.

Ordre ou famille des chauves-souris.

Cette famille se compose d'animaux d'une structure bizarre (fig. 11), que l'on voit voltiger le soir dans les airs au déclin du jour. Ils ont tous quatre grandes canines. Leurs bras, leurs avant-bras et leurs doigts sont excessivement allongés, et forment, avec une membrane qui en remplit les intervalles, de véritables ailes, souvent plus étendues en surface que celles des oiseaux. Aussi les chauves-souris volent-elles très-haut et très-rapidement. Leur pouce est court et armé d'un ongle crochu qui sert à l'animal pour s'accrocher. Leurs yeux sont excessivement petits, mais leurs oreilles sont souvent très-grandes, et forment, avec leurs ailes, une énorme surface membraneuse presque nue et tellement sensible, que les chauves-souris se dirigent dans tous les recoins de leurs labyrinthes, même après qu'on leur a arraché les yeux, probablement par la seule diversité des impressions de l'air. Ce sont des animaux nocturnes qui, dans nos climats, passent l'hiver en léthargie. Ils se suspendent pendant le jour dans les lieux obscurs. Leur nourriture habituelle se compose d'insectes, quelques-unes recherchent les fruits. Une espèce américaine, connue sous le nom de *vampire*, suce le sang des animaux et des hommes endormis, mais seulement pendant l'obscurité la plus profonde, car la faible lueur d'une veilleuse suffit pour les faire fuir.

Famille des insectivores.

Ces animaux n'ayant pas d'ailes membraneuses, se distinguent des chauves-souris au seul aspect. On remarque parmi eux les *hérissons*, les *musaraignes* (fig. 12), les *taupes*.

Les *hérissons* ont le corps couvert de piquants. La peau de leur dos est garnie de muscles tels que l'animal, en fléchissant la tête et les pattes vers le ventre, peut s'y renfermer comme dans une bourse, et présenter de toutes parts ses piquants à l'ennemi. Il forme alors une boule épineuse et ressemble à une grosse coque de châtaigne. Il se défend très-bien ainsi contre les chiens et les autres bêtes. Sa grosseur ordinaire est un peu moindre que celle d'un lapin, et les piquants sont comme de fortes épingles. Sa queue est très-courte ; tous ses pieds ont cinq doigts. Cet animal, assez commun dans les bois et dans les haies, passe l'hiver dans son terrier ; il se nourrit ordinairement d'insectes et de fruits tombés à terre, car il ne peut pas grimper pour les cueillir, il détache aussi souvent avec ses pattes les grappes de raisin qui sont à sa portée ; il se roule sur les fruits dont il veut s'emparer, et dès qu'il sent que ses pointes y sont entrées, il s'enfuit avec sa charge dans le lieu de sa retraite. On peut aisément l'apprivoiser dans les maisons pour détruire les souris et les rats dont il se nourrit. On a remarqué que les hérissons mangent des centaines de cantharides sans en souffrir, tandis qu'une seule de ces mouches cause des tourments horribles aux chiens et aux chats. Il ne faut pas confondre les hérissons avec les porcs-épics, dont le corps est aussi couvert de piquants, mais qui sont des rongeurs, comme les lapins.

Famille des carnivores.

Les carnassiers des deux familles précédentes sont réduits, par leur faiblesse et la forme conique de leurs dents, à se nourrir presque exclusivement d'insectes, bien qu'ils mangent volontiers de la chair plus parfaite lorsqu'ils en rencontrent. Les carnassiers dont nous allons parler maintenant, joignant à leur appétit sanguinaire la force nécessaire pour y subvenir, ont reçu le nom de *carnivores*. Ils ont tous quatre grosses et longues canines écartées, entre lesquelles sont six incisives à chaque mâchoire. Leurs molaires ne sont point hérissées de pointes coniques, et deviennent de plus en plus tranchantes à mesure que l'animal est plus exclusivement destiné au régime carnivore, parce qu'il faut toujours que l'organisation soit en harmonie avec les penchants de l'animal. Ainsi les ours, qui peuvent entièrement se nourrir de végétaux ont presque toutes leurs dents tuberculeuses, tandis que les chats ont des dents tout à fait tranchantes.

Plusieurs genres de carnivores appuient la plante entière du pied sur la terre, lorsqu'ils marchent ou qu'ils se tiennent debout, et l'on s'en aperçoit aisément à l'absence de poil sous toute cette partie, lorsqu'un animal n'habite pas un pays trop froid. Ainsi, les ours posent leur pied de derrière sur une plante large, nue et conformée comme celle du pied de l'homme (fig. 15) ; leur pied de devant pose aussi sur une paume très-développée. Cette conformation du pied est incompatible avec une course rapide ; aussi les animaux qui la possèdent ne mangent guère de chair que par nécessité, et lui préfèrent toujours les fruits ou les végétaux ; pour cette raison, ils n'ont jamais les mâchelières très-aiguës, et leur système dentaire est complétement en harmonie avec leur mode de locomotion.

Au contraire, les animaux les plus carnassiers, comme le *chat*, le *lion*, le *tigre*, dont les mâchelières sont très-acérées, avaient besoin d'un système de locomotion qui leur permît de poursuivre et d'atteindre rapidement leur proie : aussi ne marchent-ils que sur le bout des doigts, en relevant le reste du pied. Leur talon, toujours très-éloigné du sol, est ce que l'on confond vulgairement avec leur genou, et qu'il est cependant facile d'en distinguer, puisque le genou est toujours en avant, tandis que le talon est toujours en arrière. Les chiens présentent la même disposition ; ce que l'on nomme ordinairement leur pied ne se compose, en réalité, que du bout de leurs doigts, tandis qu'on nomme jambe le véritable pied, cuisse la véritable jambe, et que la véritable cuisse est presque entièrement dissimulée par le peu de saillie du genou.

Entre les animaux qui marchent sur la plante entière du pied, comme les ours, et ceux qui ne marchent que sur le bout des doigts, comme les chats, il existe un grand nombre d'intermédiaires, où l'on remarque toujours des mâchelières d'autant plus aiguës que le talon est plus relevé, c'est-à-dire que plus l'animal est destiné par le Créateur à se nourrir de proie, et plus son organisation lui facilite les moyens de se la procurer.

Les ours.

Les *ours* marchent sur la plante entière du pied. Ce sont de grands animaux, à corps trapu, à membres épais. à queue très-courte, à tête allongée, à museau large et allongé ; le cartilage de leur nez est prolongé et mobile, se terminant par un mufle analogue à celui du bœuf. Naturellement doux lorsqu'ils peuvent se procurer aisément leur nourriture, ils deviennent, au contraire, très-féroces par les privations. Ainsi, dans les pays civilisés, où la population nombreuse les traque dans leurs retraites, ils se nourrissent de tout ce qu'ils trouvent, et se jettent alors sur les animaux et même sur l'homme. Dans les contrées glaciales, où la stérilité du sol leur impose aussi de fréquentes privations, ils sont encore plus cruels ; mais dans les pays déserts, quoique fertiles, du nord de l'Amérique, ils se montrent dans leur véritable naturel. Ils grimpent aux arbres facilement, mais avec lenteur, et en descendent toujours à reculons, usant d'une grande circonspection pour n'être pas surpris. Ils se creusent des antres ou se construisent des cabanes où ils passent l'hiver dans une somnolence plus ou moins profonde, et sans prendre d'aliments. Ils entrent fort gras dans leur retraite hivernale, et en sortent fort maigres au retour de la belle saison, s'étant ainsi nourris pendant tout l'hiver par l'absorption de leur graisse. On les surprend souvent dans leur retraite pendant qu'ils sont ainsi engourdis ; mais leur sommeil est toujours fort léger, et l'on ne doit dès lors les approcher jamais qu'avec de grandes précautions. Il n'en est pas de même des marmottes et des loirs, qui dorment aussi pendant l'hiver, mais d'un sommeil tellement profond, que l'on peut alors les prendre et les emporter sans qu'ils se réveillent. Les ours ne dorment point l'hiver dans les ménageries ; les marmottes y dorment au contraire, même dans les chambres chaudes ; il semble donc que l'engourdissement de l'ours n'est qu'un effet du froid, tandis que celui de la marmotte est un effet de la saison.

On peut citer quelques traits qui indiquent chez les ours un certain degré d'intelligence. A l'époque où la ménagerie de Paris n'était ouverte au public que tous les deux jours, un ours enfermé dans les grandes fosses savait très-bien distinguer les jours publics, et refusait le matin de ces jours sa ration de viande ; comptant sur une ample moisson de gâteaux, nourriture qu'il préférait. On voit journellement ces animaux apprendre une foule de tours pour s'attirer des friandises ; et lorsqu'on leur jette des objets dangereux, tels que des gâteaux renfermant des épingles, ce qui arrive assez souvent à Paris, ils les flairent toujours pour s'assurer s'il n'y a rien à craindre, et les rejettent dès qu'ils reconnaissent le danger.

On connaît des ours dans tous les climats froids de l'Europe, de l'Asie et de l'Amérique; mais on n'en a jamais rencontré en Afrique.

L'*ours brun d'Europe* habite dans les hautes montagnes et dans les plus grandes forêts de toute l'Europe et de l'Asie septentrionale. Il niche quelquefois très-haut, dans des arbres. L'ours naissant est de la grosseur d'un très-petit chien naissant, à poil ras, les yeux fermés, l'aspect repoussant jusqu'à ce que la mère l'ait longtemps léché; de là l'épithète d'*ours mal léché*, pour désigner une personne disgracieuse. La chair de cet ours est bonne à manger lorsqu'il est jeune; on estime ses pattes à tout âge; sa peau sert à faire des coiffures militaires et des fourrures grossières.

L'*ours blanc* de la mer Glaciale (fig. 14) est une espèce bien distincte par sa tête allongée et aplatie, et par son pelage blanc lisse. Il poursuit les phoques et autres animaux marins, parcourant quelquefois plusieurs centaines de lieues pour chercher sa proie, et se laissant aller sur les glaçons qui le transportent souvent sur les côtes de la Norwége, où les habitants le redoutent beaucoup et sont sans cesse en garde contre ses attaques. La stérilité de sa patrie, lui imposant des privations rudes et fréquentes, le rend fort cruel; mais dans les ménageries, cette distinction de climat disparaissant, tous les ours ont un naturel assez doux.

Les *blaireaux*, les *gloutons* (fig. 15), les *putois* (fig. 16), les *martres*, les *mouffettes*, les *loutres*, les *chiens*, les *civettes* (fig. 17), les *hyènes* (fig. 18), sont des carnivores que leur organisation place entre les ours et les chats :

mais le défaut d'espace ne nous permet point de tracer ici leur histoire intéressante.

Les chats.

Les *chats* sont de tous les carnassiers les plus fortement armés. Leur museau court et rond, leurs mâchoires courtes, et surtout leurs ongles rétractiles, qui se redressant vers le ciel, et se cachant entre les doigts dans l'état de repos, par l'effet de ligaments élastiques, ne perdent jamais leur pointe ni leur tranchant, en font des animaux très-redoutables, surtout les grandes espèces; leurs dents sont extrêmement fortes et tranchantes, et leurs mâchoires coupent en se croisant comme de véritables lames de ciseaux.

Leurs membres postérieurs, beaucoup plus longs que ceux de devant, et leurs muscles vigoureux, en font des animaux d'une agilité extrême. Leur phalange onguéale est redressée sur la précédente, tournant à la jonction par un mouvement de poulie; l'ongle, acéré comme une véritable lame de poignard crochue, est fortement emboîté dans cette phalange. Un ligament élastique allant de l'ongle à la première phalange, et se contractant dans l'état naturel, tient alors l'ongle relevé; un muscle inférieur est destiné à faire tourner la poulie et abaisser l'ongle. Lorsque l'animal veut se servir de son arme, le ligament élastique se détend, le muscle se contracte, la griffe, fortement acérée et crochue, pénètre profondément dans l'objet qu'il veut saisir. Dès que l'arme devient inutile, le muscle inférieur se relâche, le ligament supé-

Pl. 3.

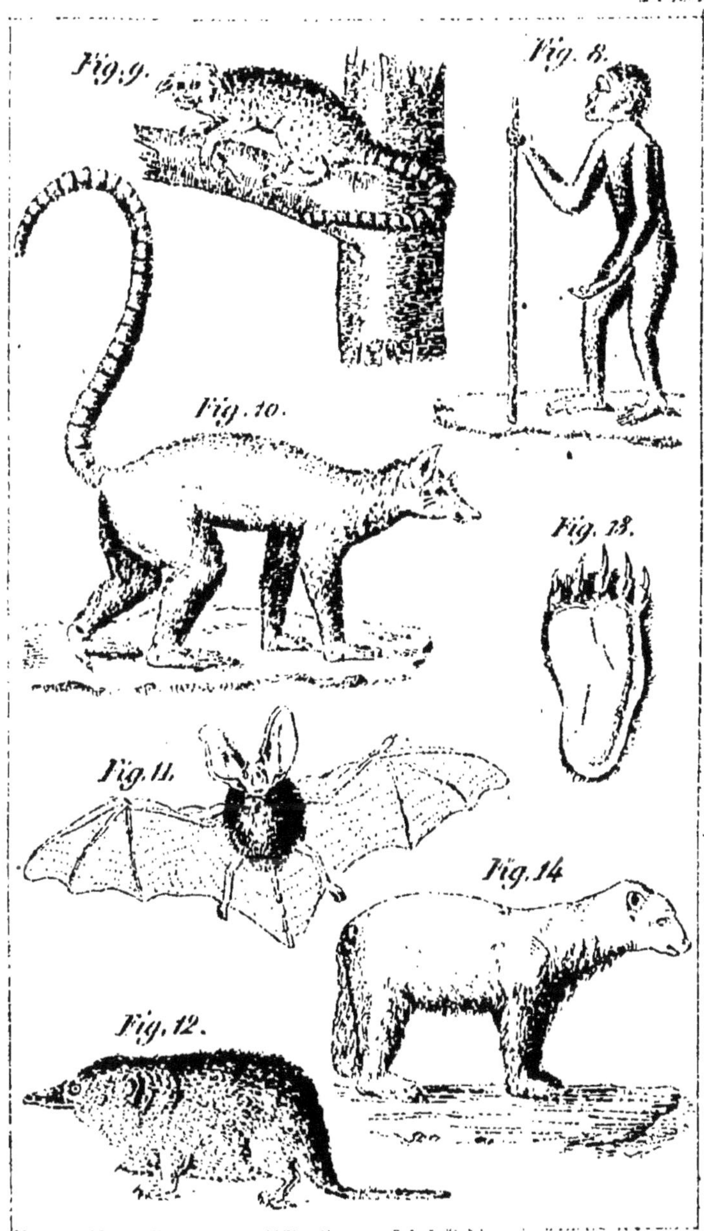

rieur se contracte, la griffe se relève, et, ne portant plus sur le sol, son acuïté n'est point émoussée, et cette arme terrible ainsi préservée conserve longtemps son redoutable tranchant. L'animal s'en sert également pour grimper et pour saisir sa proie ; les grandes espèces grimpent peu ; les petites, au contraire, grimpent beaucoup, et chassent plutôt sur les arbres que sur le sol.

Ces animaux, si formidablement armés par la nature, sont cependant d'une excessive timidité ; ils tiennent leur force et leur agilité en réserve, usant de ruse pour attraper leur proie ; les petits chassent des lapins, les grands chassent des bœufs ou des chevaux ; ils se tapissent dans des fourrés, près des lieux où ces animaux viennent boire, et lorsqu'ils les jugent assez près, ils se lancent d'un seul bond, et retombent d'aplomb sur la victime étourdie, qui ne peut jamais échapper. Plus la chair est fraîche et palpitante, plus le sang coule, et plus ils s'en montrent avides. On les voit même, lorsque la faim ne les presse pas trop, déchirer lentement, avec leur langue hérissée de pointes, la chair de leur victime, et savourer avec un vif plaisir le sang qui s'échappe de la plaie. Enfin ce sont les animaux les plus horriblement féroces que l'on connaisse.

Cependant on parvient à les apprivoiser, en ayant soin de ne jamais les laisser jeûner longtemps, car dès qu'ils sont affamés, ils méconnaissent tout le monde et dévoreraient leur gardien même. Le tigre s'apprivoise comme le lion, et devient très-familier ; on voit même souvent, surtout en Orient, des lions, des tigres, des panthères attelés à des chars, et c'est un fait bien réel, car le public a pu en être témoin à Paris même. Les princes indiens ont habituellement des lions libres, comme nous avons des chats ordinaires. Un voyageur digne de foi assure avoir vu, dans un marché d'une ville d'Afrique, un homme de la campagne qui menait un lion en laisse, comme on pourrait mener un âne ou un cheval. Mais ce sont là des jeux fort dangereux; souvent le maître est victime de sa confiance, car l'animal n'étant point susceptible d'affection, son naturel, déguisé et comme endormi par les soins, peut reparaître instantanément.

Cette famille contient un grand nombre d'espèces, mais tellement semblables entre elles, que, quiconque a bien examiné un chat, connaît la figure et les principaux caractères du lion, du tigre (fig. 19), du léopard, du jaguar, du couguar, du lynx, du caracal, et de tous les autres.

On trouve des animaux de ce genre dans tous les pays du monde, excepté la Nouvelle-Hollande et Madagascar.

ORDRE DES RONGEURS.

Les animaux de ce groupe ont pour caractère distinctif deux grandes incisives à chaque mâchoire, séparées des molaires par un espace vide, et qui ne peuvent que difficilement saisir une proie vivante ou déchirer de la chair; ces dents ne peuvent pas même couper les aliments, mais elles servent à les *ronger*, et c'est ce qui a valu aux animaux de cet ordre le nom de *rongeurs*; ils peuvent attaquer les matières les plus dures et se nourrissent souvent de bois et d'écorce. Ce genre de nourriture devant user promptement leurs incisives, la Providence a disposé ces dents de manière qu'elles croissent par leur base à mesure qu'elles s'usent du tranchant. La forme du corps des rongeurs est, en général, telle que leur train de derrière surpasse celui de devant, en sorte qu'ils sautent plutôt qu'ils ne marchent.

Cet ordre, extrêmement nombreux, comprend les *écureuils*, les *marmottes*, les *rats*, les *loirs*, les *porcs-épics*, les *lièvres*, les *lapins*, les *castors*, et une foule d'autres.

Les CASTORS (fig. 21) se distinguent, au seul aspect, de tous les autres rongeurs, par une queue aplatie horizontalement, de forme presque ovale et couverte d'écailles. Tout leur corps est couvert d'un poil long et de duvet. Leur tête est presque carrée. Leur vie est toute aquatique. Ils se servent de leurs pieds de devant comme de mains, avec autant d'adresse que l'écureuil. On les trouve en Languedoc, en Grèce, et dans le nord de l'Europe; mais c'est surtout dans le Canada qu'on les voit vivre en sociétés nombreuses, et se fabriquer des demeures avec une industrie qu'aucun autre quadrupède ne peut atteindre.

C'est vers le milieu de l'été que les castors commencent à se rassembler pour vivre en société; ils arrivent de plusieurs côtés vers les bords des eaux, et forment bientôt une troupe de deux ou trois cents. Si ces eaux se soutiennent toujours à la même hauteur, comme celle des lacs, ils ne construisent point de digues. Si ce sont des eaux courantes sujettes à hausser ou baisser, ils construisent une chaussée ou une digue qui puisse tenir l'eau à un niveau toujours égal. Cette chaussée a souvent jusqu'à cent pieds de longueur, sur dix ou douze pieds d'épaisseur à sa base. Ils choisissent pour établir leur digue un endroit de la rivière qui soit peu profond. S'il se trouve sur le bord un gros arbre qui puisse tomber dans l'eau, ils commencent par l'abattre, pour en faire la pièce principale de leur construction. Ils s'asseyent plusieurs autour de l'arbre, et se mettent à ronger continuellement l'écorce et le bois, dont le goût leur est fort agréable; car ils préfèrent l'écorce fraîche et le bois tendre à la plupart des aliments ordinaires. Ils rongent ainsi le pied de l'arbre; et, sans autre instrument que leur quatre dents incisives, ils le coupent en assez peu de temps, ils le font tomber en travers dans la rivière. Lorsque cet arbre, qui est souvent de la grosseur d'un homme, est renversé, plusieurs castors entreprennent de ronger les branches et de les couper, afin de faire porter l'arbre partout également. Pendant ce temps, d'autres parcourent les bord de la rivière, coupent des morceaux de bois de différentes grosseurs, les scient à la hauteur nécessaire pour en faire des pieux; et, après les avoir traînés jusqu'au bord de la rivière, ils les amènent par eau, les tenant entre leurs dents. Ils font par le moyen de ces pièces de bois qu'ils enfoncent dans la terre et qu'ils entrelacent avec des branches, un pilotis serré. Tandis que les uns maintiennent les pièces de bois à peu près verticales, d'autres plongent au fond de l'eau, creusent avec les pieds de devant un trou dans lequel ils font entrer le pieu; ils entrelacent ensuite ces pieux avec des branches. Pour empêcher l'eau de couler à travers ces vides, ils les bouchent avec de la glaise, qu'ils gâchent et pétrissent avec leurs pieds de devant, et qu'ils battent ensuite avec leur queue, qui leur tient lieu de truelle.

Lorsqu'ils ont travaillé tous en corps pour édifier le grand ouvrage public, dont l'avantage est de maintenir les eaux toujours à la même hauteur, ils travaillent par compagnie, pour édifier les habitations particulières. Ce sont des cabanes, ou plutôt des maisonnettes, bâties dans l'eau, et sur pilotis plein, tout près du bord de leur étang, avec deux issues, l'une pour aller à terre, l'autre pour se jeter à l'eau. La forme de ces édifices est presque toujours ovale ou ronde : il y en a depuis un jusqu'à deux et même quatre mètres de diamètre ; il s'en trouve qui ont deux ou trois étages. Les murailles ont sept décimètres d'épaisseur, et l'édifice est terminé en forme de voûte. Toute cette bâtisse est imperméable à l'eau des pluies et aux vents les plus impétueux. Les divers matériaux dont ils font usage pour sa construction sont du bois, des pierres, des terres sablonneuses ; les parois sont revêtues d'une espèce de stuc appliqué à l'aide de leur queue, avec tant de solidité et de propreté, qu'on croirait y reconnaître l'art humain. Dans le bas de chaque cabane est un magasin qu'ils remplissent d'écorces d'arbres et de bois tendre, leur aliment ordinaire. Les habitants de chaque cabane y ont un droit commun, et ne vont jamais piller leurs voisins. La fenêtre de leur cabane qui donne sur l'eau leur sert de balcon pour prendre le bain ; pendant la plus grande partie du jour, ils s'y tiennent debout, la tête et les parties antérieures du corps élevées, et toutes les parties postérieures plongées dans l'eau. Chaque hutte particulière sert à deux ou trois familles.

Quelque nombreuse que soit cette société d'architectes, la paix s'y maintient sans altération. Amis entre eux, si les castors ont quelques ennemis au dehors, ils savent les éviter ; ils s'avertissent en frappant avec leur queues sur l'eau, qui retentit au loin dans toutes les voûtes des habitations : chacun prend son parti, ou de plonger dans le lac, ou de se recéler dans ses murs.

Arrêtons-nous un moment ici pour admirer combien la sagesse de la Providence est immense dans son pouvoir et variée dans ses effets. La prodigieuse quantité d'animaux qui peuplent la surface du globe se subdivise en un nombre presque infini d'espèces : et cependant chaque espèce se distingue de toutes les autres par une organisation caractéristique, un instinct et des habitudes qui se reproduisent sans altération chez toutes les générations successives, et qui ne se retrouvent jamais les mêmes ailleurs que dans cette espèce : et cependant toutes ces espèces si distinctes sont évidemment liées entre elles par des caractères essentiels : chez toutes, la vie est entretenue par des aliments qui se digèrent, et dont un fluide nourricier porte la partie nutritive dans tout le corps de l'animal ; dans toutes, ce fluide a besoin de se régénérer par la respiration. Peut-on trouver des preuves plus frappantes que tous les êtres doivent leur existence à un même Créateur, dont la puissance n'a d'autres bornes que celles qu'elle veut bien s'imposer elle-même ?

Lorsque les mois de travail sont passés, les castors goûtent les douceurs domestiques ; c'est le temps du repos, qui dure tout l'hiver. Au retour de la belle saison, ils vont à la campagne jouir des douceurs et des fruits

Pl. 4.

Marlier. sc. N. Meissas. del.

du printemps ; les mères emmènent avec elles leurs petits, et bientôt tout se disperse pour aller manger du poisson, des écrevisses, des écorces nouvelles, et passer ainsi l'été sur les eaux ou dans les bois. Ils ne se rassemblent de nouveau qu'en automne, à moins que les inondations n'aient renversé leurs digues ou détruit leurs cabanes ; car alors ils se réunissent de bonne heure pour les réparer.

C'est principalement dans l'hiver que l'on fait la chasse aux castors, parce que leur fourrure n'est parfaitement bonne qu'en cette saison. On les tue à l'affût ; on leur tend des piéges amorcés avec du bois tendre et frais ; on en attaque les cabanes dans le temps des glaces : ils s'en fuient sous l'eau, mais le besoin de respirer leur fait bientôt sortir la tête par des ouvertures qu'on a pratiquées à la glace, et on les y tue à coups de hache. Lorsque les chasseurs, en détruisant ainsi leurs cabanes, en prennent un trop grand nombre, la société ne se rétablit pas. Ceux qui ont échappé à la mort ou à la captivité se dispersent, deviennent fuyards. Leur génie, flétri par la crainte, ne s'épanouit plus ; ils s'enfouissent, eux et leurs talents, dans un terrier, ne s'occupent plus que des besoins pressants, n'exercent que leurs facultés individuelles, et perdent sans retour les qualités sociales que nous venons d'admirer. Aussi, partout où l'homme s'est trop fait redouter des castors, ces animaux vivent dans un boyau sous terre, comme le blaireau. Ils creusent sur le bord des eaux, dans un terrain élevé, un terrier qui a quelquefois plus de trente mètres de longueur ; ils pratiquent au bas une espèce de petit étang qui leur sert à prendre le bain. C'est là qu'ils vivent paisiblement dans les deux éléments pour lesquels la Providence les a formés. Comme leurs terriers vont toujours en s'élevant, ils ont la facilité de se retirer en haut à mesure que l'eau s'élève, dans les inondations. Tous les castors d'Europe sont ainsi solitaires et terriers, on les reconnaît à leur robe, dont le poil est rongé sur le dos par le frottement de la terre; aussi les fourrures de ces castors sont-elles bien moins estimées que celles des castors qui vivent en société. Les castors d'Europe sont communément appelés *bièvres*.

La fourrure du castor est plus belle et plus fournie que celle de la loutre; elle est composée de deux sortes de poils : l'un plus court, mais très-touffu, fin comme le duvet, imperméable à l'eau, et qui revêt immédiatement la peau; l'autre est plus long, plus ferme, plus rare et ne sert qu'à garantir celui du dessous; ce dernier n'a que peu de valeur. On emploie, pour la fabrique des chapeaux blancs, le poil de dessous le ventre; et celui du dos, qui est noir, pour les chapeaux ordinaires. Le commerce des peaux de castor est la plus grande richesse du Canada. Les sauvages s'en habillent et les portent en hiver le poil en dedans.

ORDRE DES ÉDENTÉS.

Tous ces animaux ont pour caractère commun de manquer de dents sur le devant de la mâchoire, et d'être gênés dans leurs mouvements, qu'ils n'exécutent qu'avec lenteur. Les extrémités de leurs doigts sont toutes embrassées par de gros ongles.

On remarque dans cet ordre les *tatous* (fig. 22), qui ont le corps recouvert d'une enveloppe solide, composée de petites pièces juxtaposées comme des pavés : les pièces du milieu forment des bandes parallèles et mobiles qui permettent à l'animal de se rouler comme un hérisson. Lorsque les tatous se sentent poursuivis au bord d'un précipice, ils se mettent en boule, se laissent rouler de roches en roches, et, parvenus au bas du précipice, ils se développent sans avoir eu le moindre accident, et sans que leurs écailles aient été rompues ou endommagées par la chute. A part la cuirasse dont ils sont couverts, ils ressemblent à de petits cochons très-bas sur jambes. Ce sont des animaux très-innocents, qui vivent de fruits et de légumes ; ils se retirent pendant le jour dans leur terrier ; leur chair est bonne à manger. On les trouve dans les parties chaudes de l'Amérique.

ORDRE DES PACHYDERMES.

Lorsque le doigt d'un animal est tellement enveloppé par l'ongle, qu'il ne peut plus servir à saisir les objets, comme on l'observe dans le pied du cheval, du bœuf, du cochon, etc., cet ongle prend le nom de *sabot*. Les animaux à sabots qui ne ruminent pas composent l'ordre des *pachydermes*, nom dérivé de deux mots grecs qui signifient *peau épaisse*, parce qu'en effet, ces animaux ont en général la peau très-épaisse, comme l'éléphant, le rhinocéros, l'hippopotame, le cochon.

Le ÉLÉPHANTS (fig. 23), placés à la tête des pachydermes, sont les plus grands de tous les quadrupèdes terrestres, comme les baleines sont les plus grands des animaux aquatiques, et les autruches les plus grands des oiseaux.

L'éléphant possède un organe particulier très-remarquable, c'est une longue trompe composée de plusieurs milliers de petits muscles diversement entrelacés, et qui la rendent mobile en tous sens : l'animal l'allonge et la raccourcit à volonté. Cet organe singulier n'est autre chose que le nez de l'éléphant, et c'est aussi dans cet organe que réside principalement le sens du toucher de l'animal; car la trompe fait en même temps pour lui l'office d'une main fort adroite dont il se sert pour saisir tout ce qu'il veut porter à sa bouche et pour pomper sa boisson, qu'il lance ensuite dans son gosier, en y courbant cet admirable organe. Il parvient même à défaire avec sa trompe des nœuds de corde fort serrés. Lorsqu'il en applique les bords de l'extrémité sur quelque corps, et qu'il retire en même temps son haleine, ce corps reste collé contre la trompe et en suit les divers mouvements; l'éléphant peut enlever ainsi jusqu'à des poids de cent kilogrammes.

Cet animal a le cou trop court pour pouvoir baisser sa tête jusqu'à terre, et brouter l'herbe avec sa bouche, ou boire facilement ; lorsqu'il a soif, il trempe le bout de sa trompe dans l'eau, et, en aspirant, il en remplit toute la cavité, ensuite il la recourbe en dessous pour la porter dans sa bouche, et l'enfonce jusque dans le gosier, où l'eau, poussée par la simple expiration, descend jusque dans l'œsophage. Quand l'éléphant veut manger, il arrache l'herbe avec sa trompe, et en fait des paquets qu'il porte dans sa bouche. Tout cela pourrait faire penser que le petit éléphant tette avec sa trompe, et qu'il la recourbe ensuite dans sa bouche pour avaler le lait ; mais, au contraire, il tette avec sa bouche, et non avec sa trompe.

L'aspect de l'éléphant est grossier, ses proportions lourdes ; sa tête monstrueuse supporte deux oreilles très-longues, très-larges et très-épaisses, disposées à peu près comme celles de l'homme. Tout son corps est recouvert d'une peau grise rude, et presque sans poils. Sa bouche n'est armée que de huit dents mâchelières, quatre à la mâchoire supérieure et quatre à l'inférieure. Comme sa trompe et ses huit dents seraient une trop faible défense, la Providence lui en a donné deux autres très-puissantes, qui sortent de sa mâchoire supérieure ; la longueur de ces défenses excède quelquefois un mètre de longueur ; elles sont un peu recourbées en haut : l'animal s'en sert pour attaquer et se défendre contre ses ennemis ; la substance de ces défenses constitue l'*ivoire*.

On raconte de l'instinct des éléphants une foule de traits intéressants parmi lesquels nous citerons les suivants :

Un éléphant, maltraité par son conducteur ou *cornac*, venait de s'en venger en le tuant. La femme du cornac, témoin de ce spectacle, prit ses deux enfants et les jeta aux pieds de l'animal encore furieux, en lui disant : *Puisque tu as tué mon mari, ôte-moi aussi la vie ainsi qu'à mes enfants*. L'éléphant s'arrêta tout court ; revenu de sa fureur, et comme s'il eût été touché de regret, il prit, avec sa trompe, le plus grand de ces deux enfants, le mit sur son cou, l'adopta pour son *cornac*, et n'en voulut point souffrir d'autre.

Un peintre voulait dessiner un éléphant dans une attitude extraordinaire, qui était de tenir la trompe levée et la bouche ouverte. Pour lui faire conserver cette attitude, le valet du peintre lui jetait des fruits dans la bouche, et le plus souvent n'en faisait que le geste. A la fin, l'éléphant en fut indigné, et comme s'il eût connu que le dessin du peintre était cause de cette importunité, au lieu de s'en prendre au valet, il s'adressa au maître, et lui jeta par sa trompe une telle quantité d'eau sur le papier, que le dessin fut entièrement gâté.

On connaît actuellement deux espèces d'éléphants, qui n'habitent que les pays chauds, l'une en Asie, l'autre en Afrique. A une époque très-reculée, il y avait aussi des éléphants en France, car on trouve quelquefois des défenses de ces animaux enfouies dans le sol, dans des endroits où elles n'ont pu être déposées depuis un grand nombre de siècles.

Il a aussi existé des éléphants constitués pour vivre dans les pays froids; mais au lieu d'avoir la peau presque nue, comme les éléphants de l'Afrique et de l'Inde, ils avaient une épaisse toison. Le *mammouth*, ou *éléphant fossile*, habitait les contrées glaciales de l'Asie, où l'on en trouve de nombreux restes, et parfois des cadavres entiers encore assez bien conservés pour que leur chair puisse servir d'aliment, malgré les millier d'années qui se sont écoulées depuis leur mort.

En 1799, un pêcheur remarqua sur les bords de la mer Glaciale, dans une masse de glace, un bloc informe et d'immense taille, qui lui parut être quelque grand animal. Ce ne fut qu'en 1806 que ce bloc, débarrassé de la glace, vint échouer à la côte, où M. Adams put l'observer quelques jours après ; mais il le trouva déjà fort endommagé, car les pêcheurs du voisinage s'étaient hâtés de nourrir leurs chiens avec des quartiers de chair qu'ils venaient d'en extraire, comme des pierres d'une carrière. L'oreille était garnie de crins en touffe ; le cou était couvert d'une longue crinière ; une sorte de bourre rougeâtre ou véritable laine recouvrait le reste de l'animal. Ce qui restait de cette sorte de vêtement, qui indiquait un habitant des régions glaciales, était encore si considérable, qu'il y en eut la charge de dix personnes ; et l'on recueillit en outre plus de trente livres d'autres poils et crins, que les ours blancs avaient éparpillés autour de la vaste charogne, en venant prendre part au festin des chiens. La tête, sans y comprendre les défenses, pesait plus de quatre cents livres.

Ces éléphants du Nord furent en si grand nombre, qu'il existe des îles, à l'embouchure des grands fleuves de la Sibérie, entièrement formées de leurs restes ; on dirait des charniers de géants, où les défenses d'éléphants sont si communes, qu'elles y sont l'objet d'une exploitation commerciale assez importante.

On a trouvé des restes de mammouth dans l'Amérique septentrionale et même en Angleterre.

Les COCHONS sont caractérisés par un museau tronqué propre à fouiller la terre ; ils ont à chaque pied deux doigts mitoyens, grands et armés de forts sabots, et deux doigts latéraux beaucoup plus courts et ne touchant presque pas la terre. Leurs canines sortent de la bouche et se recourbent l'une et l'autre vers le haut ; elles prennent le nom de *défenses* dans le *sanglier*, qui est la souche de nos cochons domestiques et de leurs variétés.

Le sanglier a le corps trapu, les oreilles droites, le poil hérissé, noir. Il fait grand tort aux champs voisins des forêts, en fouillant pour y chercher les racines.

Le cochon domestique varie en grandeur, en hauteur de jambes, en direction d'oreilles et en couleur ; il est tantôt noir, tantôt blanc, tantôt rouge, tantôt varié. C'est un des animaux les plus utiles par la facilité avec laquelle on le nourrit, par le goût agréable de sa chair, par la propriété qu'elle a de se conserver longtemps au moyen du sel, enfin par sa fécondité qui surpasse beaucoup celle des autres animaux de sa taille, chaque truie pouvant produire jusqu'à vingt-huit petits par an. Les cochons vivent jusqu'à vingt ans ; ils sont susceptibles d'attachement ; mais leur voracité les rend dangereux pour les animaux faibles ; on en a vu souvent dévorer des enfants au berceau ; ils n'épargnent même pas leurs propres petits ; cependant ils vivent en société et se défendent mutuellement contre leurs ennemis communs ; ils se réunissent en cercle et présentent le museau aux loups qui viennent les attaquer.

Les CHEVAUX sont aussi rangés parmi les pachydermes, mais seulement pour ne pas en faire un ordre distinct, car leur peau est assez mince. La forme de leur corps est bien connue de tout le monde ; ils portent à chaque mâchoire six incisives, et six molaires de chaque côté des incisives ; ils ont de plus deux petites canines à la mâchoire supérieure, et quelquefois à toutes les deux ; ces canines manquent presque toujours aux juments. Entre ces canines et la première molaire est l'espace vide qui répond à l'angle des lèvres, où l'on place le mors, et au moyen duquel, seul, l'homme est parvenu à dompter ces vigoureux quadrupèdes.

Le *cheval proprement dit*, noble compagnon de l'homme à la chasse, à la guerre, et dans les travaux de l'agriculture, des arts et du commerce, est le plus important et le mieux soigné des animaux que nous avons soumis. Il paraît qu'il n'existe plus à l'état sauvage que dans les lieux où l'on a laissé en liberté des chevaux auparavant domestiques, comme en Tartarie et en Amérique ; il y vit en troupes, conduites et défendues chacune par un des plus vieux.

L'âge du cheval se connaît surtout aux incisives. Celles de lait commencent à pousser quinze jours après la naissance ; à deux ans et demi, les mitoyennes sont remplacées ; à trois ans et demi, les deux suivantes ; à quatre ans et demi, les deux extrêmes, appelées *coins*. Toutes ces dents, dont la couronne est d'abord creuse, perdent petit à petit cet enfoncement à force de mâcher. A sept ans et demi ou huit ans, tous les creux sont effacés, et le cheval ne marque plus.

Les canines inférieures viennent à trois ans et demi, les supérieures à quatre : elles restent pointues jusqu'à six ; à dix, elles commencent à se déchausser.

La durée de la vie du cheval ne passe guère trente ans.

Tout le monde sait à quel point cet animal varie par la couleur et par la taille. Ses principales races ont même des différences sensibles dans les formes de la tête, dans les proportions, et se caractérisent chacune de préférence pour les divers emplois.

Les plus sveltes, les plus rapides sont les chevaux

arabes, qui ont aidé à perfectionner la race espagnole, et contribué avec celle-ci à former la race anglaise ; les plus gros et les plus forts viennent des côtes de la mer du Nord ; les plus petits, du nord de la Suède et de la Corse. Les chevaux sauvages ont la tête grosse, le poil crépu, et des proportions peu agréables.

Dans les environs de la Plata, les chevaux sauvages sont si nombreux, qu'ils parcourent les plaines en troupes de huit à dix mille individus, qui savent se défendre contre les carnassiers. Ces troupes, précédées d'éclaireurs, marchent en colonne serrée que rien ne peut rompre. Si quelque caravane d'habitants, quelque gros de cavalerie sont aperçus, les anciens ou les plus agiles de l'avant-garde vont en reconnaissance, et reviennent au galop rendre compte de ce qu'ils ont vu ; si rien n'inspire de crainte, la colonne arrive en bondissant de toute sa vitesse, hennit, se joue, tourne autour des voyageurs, invitant par tous les moyens qui sont en son pouvoir les chevaux domestiques de la caravane à la désertion. Il arrive souvent que cette manœuvre réussit ; les transfuges s'incorporent aussitôt, imitant leurs nouveaux camarades autant qu'ils le peuvent. Ce n'est qu'après avoir épuisé tous les moyens de séduction, que la colonne opère sa retraite, à moins qu'on ne la dissipe à coups de fusils. Les autres chevaux sauvages ont, dans les steppes de la Tartarie, les mêmes mœurs à peu près que ceux de l'Amérique ; ils savent se défendre contre les bêtes féroces, en formant le cercle, la tête au centre, pour recevoir l'agresseur par de vigoureuses ruades.

L'*âne* est une espèce qui se distingue du cheval proprement dit par ses longues oreilles, par la houppe du bout de la queue, par la croix noire qu'il a sur les épaules et qui le rapproche des zèbres. Il est originaire des grands déserts de l'intérieur de l'Asie, où on le trouve à l'état sauvage, en troupes innombrables, qui se portent du nord au midi, selon les saisons. Aussi vient-il mal dans les pays trop septentrionaux. Chacun connaît sa patience, sa sobriété, son tempérament robuste, et les services qu'il rend aux pauvres campagnards.

Le *zèbre* ressemble beaucoup à l'âne ; il est rayé partout transversalement de blanc et de noir avec une parfaite régularité. Il est originaire des parties méridionales de l'Afrique.

ORDRE DES RUMINANTS.

Tous les animaux ruminants n'ont d'incisives qu'à la mâchoire inférieure ; celles de la mâchoire supérieure sont remplacées par un bourrelet calleux. Leurs quatre pieds sont terminés par deux doigts et par deux sabots, qui se regardent comme deux moitiés d'un sabot unique qui aurait été fendu ; c'est pour cela qu'on donne souvent à ces animaux le nom de *pieds fourchus*, de *bifurqués*, etc.

On les appelle aussi *ruminants* parce qu'ils possèdent la faculté singulière de mâcher une seconde fois les aliments, qu'ils ramènent dans la bouche après une première déglutition, faculté qui tient à la structure de leur estomac. Cet organe est très-compliqué, et se compose réellement de quatre estomacs, dont trois sont disposés de manière à communiquer directement avec l'œsophage, mais par des orifices qui s'ouvrent diversement.

Le premier et le plus grand de ces estomacs se nomme la *panse;* ses parois inférieures sont hérissées d'aspérités semblables à des grains de blé aplatis; il reçoit en abondance les herbes concassées par une première mastication. Elles se rendent de là dans le second, appelé *bonnet*, dont les parois présentent un réseau de mailles saillantes et semblables à des rayons d'abeilles. Cet estomac, fort petit et globuleux comme un bonnet d'enfant, saisit l'herbe, l'imbibe et la comprime en petites pelotes, qui remontent ensuite successivement à la bouche pour y être remâchées. L'animal se tient en repos pour cette seconde opération, qui dure jusqu'à ce que toute l'herbe, avalée d'abord dans la panse, l'ait subie. Les aliments ainsi remâchés descendent directement dans le troisième estomac, nommé *feuillet*, parce que ses parois ont des lames longitudinales semblables aux feuillets d'un livre, et de là dans le quatrième ou *caillette*, dont les parois n'ont que des rides, et qui est le véritable organe de la digestion, analogue à l'estomac simple des animaux ordinaires. Pendant que les ruminants tettent et ne vivent que de lait, la caillette est le plus grand de leurs estomacs, parce que le lait étant un aliment tout préparé, y passe directement, et que les autres sont inutiles. La panse se développe à mesure qu'elle reçoit de l'herbe, et finit par prendre un énorme volume.

Les ruminants sont, de tous les animaux, ceux dont l'homme tire le plus de parti. Il peut manger de tous, et c'est même d'eux qu'il tire presque toute la chair dont il se nourrit. Plusieurs lui servent de bêtes de somme; d'autres lui sont utiles pour leur lait, leur graisse, qui porte le nom de *suif*, leur cuir, leurs cornes, leur poil, etc.

Les CHAMEAUX forment le genre de ruminants le plus remarquable par la difformité de leur corps, surmonté d'une ou deux grosses bosses. Ceux à une seule bosse sont ordinairement appelés *dromadaires*.

Les yeux du chameau sont gros et saillants; le front est revêtu d'un poil touffu et ressemblant à de la laine; le reste du corps est recouvert d'un poil doux au toucher, de couleur fauve un peu cendrée, et guère plus long que celui d'un bœuf; les oreilles sont courtes et rondes, le cou très-long et orné d'une belle crinière, les genoux gros, les jambes de derrière très-hautes et très-menues. Il porte des callosités aux quatre jambes et sur la poitrine. Toutes ces callosités viennent de ce que l'animal ne se couche pas sur le côté comme les autres, mais s'accroupit: les parties qui portent sur la terre dans cette position s'endurcissent et deviennent calleuses. Sa queue est courte et peu garnie de poils, excepté à son extrémité.

Cet animal paraît originaire d'Arabie, et les Arabes le nomment à juste titre *navire du désert*. Il semble avoir été créé exprès pour les trajets longs et pénibles que ces peuples font à travers l'Afrique. Il est doué de toutes les qualités nécessaires pour le travail auquel on l'emploie. Le chardon le plus sec, le buisson le plus dépouillé de feuilles suffit pour nourrir cet utile quadrupède, et il ne les mange même, pour ne pas perdre de temps, qu'en avançant dans sa route, sans s'arrêter, sans occasionner un seul instant de retard. Comme il a besoin de traverser des déserts immenses, où l'on ne trouve point d'eau et où la terre n'est jamais humectée par les rosées du ciel, il a la faculté, quand il arrive à une source, de pouvoir prendre une provision d'eau qui le désaltère pendant trente jours de suite. Il a de plus l'avantage de sentir l'eau de plus d'une demi-lieue.

Cette singulière faculté qu'a le chameau de s'abstenir longtemps de boire tient à de grandes cellules qui garnissent une partie de sa panse et qui sont autant de réservoirs pour conserver ou pour produire continuellement de l'eau. Les autres ruminants n'ont point de cellules semblables. Ces cavités sont assez vastes pour contenir une grande quantité de liqueur; elle y séjourne sans se corrompre et sans que les autres aliments puissent s'y mêler. Lorsque l'animal est pressé par la soif, et qu'il a besoin de délayer les nourritures sèches et de les macérer par la rumination, il fait remonter dans sa panse, et jusqu'à l'œsophage, une partie de cette eau par une simple contraction des muscles : c'est donc en vertu de cette conformation très-singulière que le chameau peut se passer plusieurs jours de boire, et qu'il prend en une seule fois une prodigieuse quantité d'eau, qui demeure saine et limpide dans ce réservoir, parce que les liqueurs du corps ni les sucs de la digestion ne peuvent s'y mêler. Par ce moyen, le chameau marche tout le long du jour avec patience, avec vigueur, portant des fardeaux prodigieux, dans ces contrées désolées par des vents empoisonnés et couvertes d'un sable toujours brûlant. Tant il est vrai que la puissance créatrice, toujours sage et féconde, a fait naître en chaque climat les animaux qui lui sont propres.

Le chameau est un animal fort docile : on le dresse dès son enfance à se baisser et s'accroupir lorsqu'on veut le charger. Pour l'y former, dès qu'il est né on lui plie les quatre jambes sous le ventre, et on le couvre d'un tapis sur lequel on met des pierres, afin qu'il ne puisse pas se relever. Comme il est très-haut, on l'accoutume à se mettre dans cette posture dès qu'on lui touche les genoux avec une baguette, afin de le pouvoir charger plus aisément. On le laisse ainsi pendant quelque temps sans lui permettre de teter, afin qu'il contracte l'habitude de boire rarement. On ne lui fait point porter de fardeaux avant l'âge de trois ou quatre ans. Quand il se sent assez chargé, il se relève de lui-même, et jette des cris lamentables lorsqu'on veut lui faire porter de nouveaux fardeaux. On ne le frappe jamais pour le faire avancer; il suffit de chanter et de siffler; pour en conduire une troupe nombreuse, on bat des timbales. On ne se sert point d'étrille pour le panser, on frappe seulement avec une baguette pour faire tomber la poussière qui est sur son corps. Son fumier desséché sert à faire du feu dans le désert.

Les *lamas* (fig. 24), qui vivent dans les montagnes du Pérou, ont la même organisation intérieure que les chameaux. Ce sont des animaux précieux, qui pourraient bien s'acclimater en France, et rendre de grands services; ils peuvent servir de bêtes de somme, et porter au moins cent cinquante livres; leur poil est une laine excellente; leur taille est à peu près double de celle du mouton.

Les CHEVROTAINS forment un second genre de ruminants dépourvus de cornes, comme les chameaux. Ce sont des animaux charmants par leur élégance et leur légèreté, l'espèce la plus célèbre est :

Le *musc*, qui ressemble au chevreuil pour la taille et la forme; il n'a presque pas de queue; il est tout couvert d'un poil si gros et si cassant, qu'on pourrait presque lui donner le nom d'épines; mais ce qui le fait surtout remarquer est une humeur odorante, analogue à celle de la civette, et que l'on désigne sous le nom de *musc*. Cette espèce est reléguée dans les régions âpres et rocailleuses d'où descendent la plupart des fleuves de l'Asie.

Les CERFS sont des ruminants dont la tête est armée de cornes osseuses, sujettes à des changements périodiques; ces cornes portent le nom de *bois*. Les cerfs sont très-rapides à la course; ils vivent généralement dans les forêts d'herbes, de feuilles, de bourgeons d'arbres, etc.

L'*élan* est la plus grande espèce; il surpasse souvent le cheval en grandeur; ses jambes sont élevées; son museau cartilagineux et renflé, son poil toujours très-roide et d'un cendré plus ou moins foncé. Son bois, aplati, croît avec l'âge, jusqu'à peser cinquante ou soixante livres, et à avoir quatorze dentelures à chaque corne. Cet animal habite en petites troupes les forêts marécageuses du nord des deux continents; sa peau est précieuse pour les objets de chamoiserie.

Le *renne* est de la grandeur d'un cerf commun; mais il a les jambes plus courtes et plus grosses; c'est la seule espèce dans laquelle la femelle porte des bois aussi bien que le mâle; son poil brun en été devient presque blanc en hiver. Le renne n'habite que les contrées glaciales des deux continents. Cet animal est célèbre par le service qu'en tirent les Lapons, qui en ont de nombreux troupeaux, les conduisent l'été dans les montagnes de leur pays, les ramènent l'hiver dans les plaines, en font leurs bêtes de somme et de trait, mangent leur chair, leur lait, se vêtent de leur peau.

Le *daim* est plus petit que notre cerf; son poil est d'un brun noirâtre en hiver, et fauve tacheté de blanc en été; ses cuisses, en tous temps, sont blanches, bordées de chaque côté d'une raie noire; la queue est plus longue que celle du cerf, noire en dessus, blanche en dessous. Cette espèce commune dans tous les pays de l'Europe, paraît originaire de Barbarie.

Le *cerf commun* (fig. 25) a le pelage brun fauve en été, avec une ligne noirâtre, et de chaque côté une rangée de petites taches fauve pâle le long de l'épine; en hiver il est d'un gris brun uniforme ; la croupe et la queue sont en tous temps fauve pâle. Il se trouve dans toutes les forêts de l'Europe et de l'Asie tempérée. Son bois est rond et vient la seconde année, d'abord en forme de dagues; il prend ensuite, à la face antérieure, plus de branches ou d'*andouillers*, à mesure qu'il avance en âge, et se couronne d'une espèce d'empaumure de plusieurs petites pointes. Le très-vieux cerf noircit, et les poils de son cou s'allongent et se hérissent, le bois tombe au printemps; il revient pendant l'été, et les cerfs vivent séparés pendant tout ce temps-là; ils se réunissent en grande troupes pour passer l'hiver.

Le *chevreuil* n'a que deux andouillers à ses bois. Il est gris fauve, à cuisses blanches. Il y en a de roux très-vif et d'autres noirâtres. Cette espèce vit par couples dans les forêts de l'Europe tempérée, perd son bois à la fin de l'automne et le refait pendant l'hiver. Sa chair est plus estimée que celle du cerf.

5.

La GIRAFE forme l'un des genres les plus remarquables de tout le règne animal, par la longueur de son cou et par la hauteur disproportionnée de ses jambes de devant. C'est le plus élevé de tous les animaux, car il atteint à six mètres de hauteur. Sa tête porte deux cornes coniques fort courtes, toujours recouvertes par une peau velue, et qui ne tombe jamais. Elle est d'un naturel fort doux, et se nourrit de feuilles d'arbres. Son pelage ras est tout parsemé de taches fauves. On ne trouve les girafes que dans les déserts de l'Afrique.

Les ANTILOPES OU GAZELLES ont la forme élégante du chevreuil, les cornes rondes. Elles vivent en troupes innombrables dans le nord de l'Afrique, se mettent en rond quand on les attaque, et présentent les cornes de toutes parts. C'est la pâture ordinaire du lion et de la panthère. La douceur du regard des gazelles est célèbre chez les Arabes. Les espèces en sont très-nombreuses et très-répandues sur la surface du globe.

Le *chamois* se distingue des autres antilopes par des cornes droites subitement recourbées en arrière comme un hameçon. Sa taille est celle d'une grande chèvre; son pelage est brun foncé. Il court avec la plus grande agilité parmi les rochers escarpés, et se tient en petites troupes dans la région moyenne des hautes montagnes de l'occident de l'Europe.

Les CHÈVRES se distinguent par des cornes dirigées en haut et en arrière, et par leur menton généralement garni d'une longue barbe.

La *chèvre sauvage*, qui paraît être la souche de toutes les variétés de nos chèvres domestiques, se distingue par ses cornes tranchantes en avant. Elle habite en troupes sur les montagnes de Perse. Le *bézoard* oriental est une concrétion que l'on trouve dans ses intestins.

Les boucs et les chèvres domestiques varient à l'infini pour la taille, pour la couleur, la longueur et la finesse du poil; pour la couleur et même le nombre des cornes. Les chèvres d'Angora, en Cappadoce, ont le poil le plus doux et le plus soyeux. Celles du Thibet sont devenues célèbres par la laine d'une admirable finesse qui croît entre leurs poils, et dont on fabrique les cachemires. Les chèvres de Guinée sont très-petites et ont les cornes couchées en arrière. Tous ces animaux sont robustes, capricieux, vagabonds, tiennent de leur origine montagnarde, aiment les lieux secs et sauvages, et se nourrissent d'herbes grossières ou de pousses d'arbustes. Ils sont très-nuisibles aux forêts. On ne mange guère que le chevreau; mais le lait de la chèvre est agréable et utile dans plusieurs maladies.

Le *bouquetin* ne se distingue de la chèvre que par de grandes cornes carrées en avant, ou triangulaires et noueuses. Il habite les sommets les plus élevés des hautes chaînes de montagnes, dans tout l'ancien continent.

Les MOUTONS ont les cornes dirigées en arrière et revenant plus ou moins en avant, en spirale.

Le *mouflon d'Afrique*, que l'on trouve à l'état sauvage dans les contrées rocailleuses de la Barbarie, paraît être la souche de nos innombrables variétés de bêtes à laine.

La température du climat, la nature et l'odeur agréable des végétaux, exercent une grande influence sur la qualité de la laine des moutons. Aussi la laine des moutons d'Espagne et celle de la Nouvelle-Hollande jouissent-elles d'une grande réputation. La variété d'Angleterre a la laine fine et longue. Dans les Indes et la Guinée, les moutons ont une queue fort longue, les oreilles pendantes, et manquent de cornes. Dans la Perse, la Tartarie, la Chine, la Syrie, la Barbarie, l'Abyssinie, la queue des moutons se change en une grosse masse de graisse.

Le mouton est pour l'homme l'animal le plus précieux, celui dont l'utilité est le plus immédiate et le plus étendue ; seul il peut suffire aux premiers besoins de la nécessité ; il fournit tout à la fois de quoi se nourrir et se vêtir, sans compter les avantages particuliers qu'on peut tirer du suif, du lait, de la peau et même des boyaux, des os et du fumier de cet animal, auquel il semble que la nature n'ait, pour ainsi dire, rien accordé en propre, rien donné que pour le rendre à l'homme.

Les BŒUFS se distinguent par des cornes dirigées de côté et revenant vers le haut ou en avant, en forme de croissant ; ce sont d'ailleurs de grands animaux à mufle large, de taille trapue, à jambes robustes. Ils répandent tous une odeur musquée plus ou moins intense.

Le *bœuf* ordinaire a le front plat, plus long que large, et des cornes rondes. Les races de la zone torride ont toutes une loupe de graisse très-saillante sur le dos ; quelques espèces ne sont guère plus grandes que le cochon. Il est inutile d'insister sur l'utilité de ces animaux pour le labourage, sur celle de leur chair, de leur suif, de leur cuir et de leur lait ; leurs cornes même s'emploient dans les arts.

Le *buffle* a le front bombé. C'est un animal farouche

et vigoureux, qui se plaît dans les lieux marécageux et se nourrit de plantes grossières. Il est originaire de l'Inde ; son cuir est très-estimé, son lait est bon, mais sa chair est à peine mangeable.

Le *bison*, qui vit à l'état sauvage dans l'Amérique septentrionale, a le front bombé comme le buffle, la tête très-grosse ; toute la partie antérieure de son corps est couverte d'une épaisse crinière.

MARSUPIAUX

OU

ANIMAUX A BOURSE.

Ces animaux tirent leur nom d'une poche qui sert à loger leurs petits lorsqu'ils sont encore trop faibles pour pourvoir eux-mêmes à leur sûreté. Les plus anciennement connus sont les *sarigues* (fig. 20), petits quadrupèdes de la grosseur d'un lapin, qui habitent l'Amérique ; leurs pieds, semblables à ceux des singes, ont chacun cinq doigts très-forts ; le pouce est très-distinct, mais sans ongle. Ils ont les oreilles minces et nues comme celles de la chauve-souris, la tête comme celle du renard, et un museau pointu, garni de deux larges narines ; leur gueule est bien fendue. Leurs yeux sont ronds, et paraissent sortir de la tête. Ils se tiennent habituellement assis sur leur derrière. Ce sont des animaux nocturnes, qui grimpent facilement sur les arbres, et ne se nourrissent souvent que de feuilles, de fruits et d'écorces d'arbres; ils sont aussi très-friands d'oiseaux, auxquels ils font la chasse. La sollicitude maternelle est portée au plus haut point chez ces animaux; les mères ont sous le ventre un manchon fourré qui s'ouvre comme le jabot d'une chemise, où se retirent les petits nouvellement nés: la mère les allaite dans ce berceau portatif avec ses mamelles rangées exprès pour leur commodité; lorsqu'ils sont assez forts, elle les fait sortir de temps en temps, surtout quand il pleut, pour les laver; elle les essuie ensuite avec ses pattes, les lèche et les remet promptement dans sa poche. Quelquefois elle les expose au soleil quand il fait beau; et, lorsqu'ils ont les yeux ouverts, sa tendresse et sa joie se manifestent vivement; elle les amuse en folâtrant, elle danse avec eux, les agace, leur apprend à marcher et à faire mille petites singeries: mais aussitôt qu'ils sont assez forts pour chercher leur nourriture, elle les sèvre et feint de les chasser pour les exciter à se passer des soins maternels. Cependant, elle les suit de l'œil et veille à leur conduite; et si par hasard le moindre bruit l'avertit de quelque danger, elle court aux uns et aux autres, les met tous dans sa poche, et les emporte dans un endroit plus sûr et plus tranquille; enfin, lorsque sa petite famille est en état de se passer de son secours, elle ne la quitte qu'après mille caresses. Les petits, en naissant, ne sont pas plus gros qu'un grain de blé, et lorsqu'ils se séparent de leur mère ils sont gros comme des souris. La queue du sarigue n'est couverte de poils qu'à son origine, jusqu'à cinq ou six centimètres de longueur; l'extrémité n'est recouverte que par une peau écailleuse,

Martier. sc. N. Meissas. del.

mais l'animal s'en sert pour s'accrocher aux arbres. On l'apprivoise aisément ; mais il répand une odeur aussi infecte que le putois.

ORDRE DES CÉTACÉS.

On nomme *cétacés* des mammifères marins qui manquent de pieds de derrière ; leurs pieds de devant ressemblent à de véritables nageoires, et l'animal entier, quant à son extérieur, ne se distingue facilement des poissons qu'en ce qu'il a la queue horizontale, tandis que celle des poissons est verticale. Ils se tiennent presque tous constamment dans l'eau, mais comme ils respirent par des poumons, ils sont obligés de revenir souvent à la surface pour y prendre l'air. Leur sang est chaud, comme celui de tous les mammifères. Les reptiles, les poissons et les animaux des ordres inférieurs ont toujours le sang froid.

Les DAUPHINS (fig. 26), dont le nom résonne si souvent à nos oreilles, font partie de cet ordre. Un appareil singulier, qui leur est commun avec la baleine et le cachalot, leur a valu le nom de *souffleurs*. Ils vivent de poissons et ont la gueule très-fendue, de sorte qu'en engloutissant leur proie, ils engouffrent en même temps de grands volumes d'eau qu'ils ont besoin de rejeter ; cette eau passe dans les narines au moyen d'une disposition particulière du voile du palais ; elle s'amasse dans un sac placé à l'orifice extérieur de la cavité du nez ; là, des muscles puissants la compriment et la chassent avec violence par des ouvertures nommées *évents*, et percées au-dessus de la tête ; c'est ainsi qu'ils produisent ces jets d'eau qui les font remarquer de loin par les navigateurs. Ils n'ont aucun vestige de poils, si ce n'est dans le premier âge, mais tout leur corps est couvert d'une peau lisse sous laquelle est un lard épais et abondant en huile : c'est le principal objet pour lequel on les recherche. Ils ont des dents simples et coniques aux deux mâchoires. Ce sont les plus cruels et les plus carnassiers de tous les cétacés. Leur figure a peu de rapport avec celle que les peintres et les sculpteurs font pour les représenter ; la forme de leur corps est à peu près la même que celle de l'*esturgeon* ; la tête ressemble presque à celle d'un cochon, et leur museau se termine par une espèce de bec analogue à celui de l'oie. Ces animaux, répandus dans toutes les mers, vont par troupes considérables, précédées de détachements qui marchent à leur tête comme autant d'éclaireurs ; ils sont célèbres par la vélocité de leurs mouvements, qui les font s'élancer quelquefois sur le tillac des navires ; réunis par milliers dans un espace très-resserré, et malgré leur poids énorme, qui dépasse souvent mille kilogrammes, cependant ils exécutent les manœuvres les plus variées, les plus rapides, sans se heurter mutuellement, sans se briser les uns les autres. Leur longueur ordinaire est d'environ trois mètres. L'organisation de leur cerveau fait présumer qu'ils sont doués d'intelligence et de docilité, comme le prétendaient les anciens.

Les CACHALOTS (fig. 27), qui atteignent et dépassent même quelquefois la taille de la baleine, ont la tête si grosse qu'elle fait à elle seule le tiers ou la moitié de la longueur du corps ; mais le crâne ni le cerveau ne participent point à cette disproportion, qui est due tout entière à un énorme développement des os de la face. Les os des mâchoires supérieures et du front se relèvent verticalement de manière à former une grande caisse à trois faces, semblable à une caisse de brouette. La peau, en recouvrant cette énorme cavité, donne à la tête une forme carrée qui la rend monstrueuse. La mâchoire supérieure ne porte point de fanons et manque de dents, ou n'en a que de petites et peu saillantes; mais l'inférieure, étroite, allongée, et répondant à un sillon de la supérieure, est armée, de chaque côté, d'une rangée de dents coniques qui entrent dans des cavités correspondantes de la mâchoire supérieure, quand la bouche se ferme. La partie supérieure de leur énorme tête ne consiste presque qu'en grandes cavité recouvertes et séparées par des cartilages, et remplies d'une huile connue sous les noms de *blanc de baleine*, *adipocire* ou *cétine*, substance qui sert à faire des bougies transparentes, et fait le principal profit de leur pêche, leur corps n'étant pas garni de beaucoup de lard.

La substance odorante si connue sous le nom d'*ambre gris* paraît être une concrétion qui se forme dans les intestins des cachalots.

Ces animaux sont d'une violence extrême, et leur pêche est beaucoup plus dangereuse que celle de la baleine. Lorsqu'ils se sentent attaqués, ils se débattent vivement et renversent souvent, à coups de queue les embarcations qui les poursuivent.

Les BALEINES (fig. 28) ont la tête proportionnellement aussi grosse que les cachalots, mais moins renflée en avant, parce que le crâne n'est point revêtu de ces crêtes osseuses si considérables qu'on observe dans le cachalot. Les baleines n'ont aucune dent. Leur mâchoire supérieure, en forme de carène ou de toit renversé, a ses deux côtés garnis de lames transverses minces, appelées *fanons*, formées d'une espèce de corne fibreuse, effilées à leurs bords intérieurs, qui servent à retenir les petits animaux dont ces énormes cétacés se nourrissent. Ces fanons, comparables aux lames cornées dont le bec du canard est revêtu, sont recouverts extérieurement par de grandes lèvres. La mâchoire inférieure, soutenue par deux branches osseuses arquées en dehors et vers le haut, sans aucune armure, loge une langue charnue fort épaisse, et enveloppe, quand la bouche se ferme, toute la partie interne de la mâchoire supérieure et les lames cornées dont elle est revêtue. Ces organes ne permettent pas aux baleines de se nourrir d'animaux aussi grands que leur taille le ferait croire ; elles vivent de poissons, et plus encore de vers, de mollusques et de zoophytes, et l'on dit qu'elles en prennent principalement de très-petits qui s'embarrassent dans les filaments de leurs fanons. Ce sont des animaux moins redoutables que le cachalot ; ils fuient et ne se défendent pas.

Le nom des baleines vient du mot phénicien *baal-nun* qui signifie roi de la mer, ou *baal-nan*, roi des poissons. Il paraît que toutes les grandes mers étaient autrefois fréquentées par des baleines : mais on n'en trouve plus guère aujourd'hui que dans les mers voisines des pôles, et c'est au milieu des glaces qu'il faut aller les attaquer. Dans les mers du Nord, le printemps est la saison la plus favorable ; plus tard elles vont respirer dans les ouvertures produites par la fonte des glaces, et où les canots ne pourraient pénétrer sans courir le danger d'être brisés. On arme des navires pourvus de plusieurs chaloupes, et des objets nécessaires, tels que harpons, cordes, lances, haches, etc. Le harpon est un dard triangulaire, en fer, très-effilé, tranchant des deux côtés, barbelé sur les bords; terminé par une douille munie d'un manche attaché à une ligne ou corde de chanvre. Un matelot-guetteur est placé sur un point élevé du navire ; dès qu'il aperçoit une baleine, ou les jets d'eau qu'elle lance par ses évents, et qui ressemblent à une masse de fumée, il donne le signal convenu ; les chaloupes se dirigent alors sans bruit vers le cétacé. Dès qu'on est à portée, un homme lance le harpon, qu'il dirige vers une partie du corps facile à pénétrer. L'animal blessé fuit avec une extrême vitesse, en emportant le trait qui l'a blessé. On file rapidement la ligne enroulée sur un cabestan très-mobile; on a soin de la mouiller sans cesse, de peur qu'elle ne prenne feu. La baleine, tourmentée par la douleur, s'agite avec violence pour se débarrasser du harpon, se fatigue, s'échauffe, et remonte sur l'eau pour respirer. Alors toutes les chaloupes voguent vers elle ; on la harponne de nouveau ; on l'attaque avec la lance. Elle se replonge dans la mer, et se débat tant qu'elle peut ; mais dès que la corde se relâche ou flotte sur l'eau, on peut être certain que l'animal est mort ou très-affaibli. On ramène alors la ligne à soi, on la dispose en cercle, afin de la filer encore dans les cas où la baleine s'enfuirait une troisième fois. Enfin, quand elle reparaît sur la mer pour la dernière fois, on la perce de la lance à coups redoublés, pour l'empêcher de fuir de nouveau, en ayant soin d'éviter sa redoutable queue. Les chaloupes la remorquent ensuite et la traînent vers le vaisseau ou sur le rivage, où on la dépèce pour en retirer l'huile et les fanons.

Cette pêche peut se faire par d'autres moyens, tels que l'emploi de fusées à la Congrève, qui, lancées dans le flanc du cétacé, y pénètrent profondément, éclatent comme une bombe, et le font périr presque instantanément.

Le cachalot s'attaque comme la baleine. La pêche de ces énormes animaux forme de bons marins et d'intrépides matelots, outre les avantages qu'elle procure au commerce.

DEUXIÈME CLASSE DES VERTÉBRÉS.

LES OISEAUX.

Les oiseaux, qui forment la seconde classe des animaux vertébrés, pondent tous des œufs, ce qui les distingue essentiellement des mammifères et les rapproche au contraire des reptiles et des poissons ; ils sont en outre éminemment organisés pour le vol, ce qui les distingue des deux dernières classes des vertébrés. L'air est leur domaine et leur élément naturel. De tous les animaux, ce sont les plus habiles et les plus propres au mouvement. Ils peuvent en peu d'instants franchir les espaces les plus considérables, parcourir plusieurs centaines de lieues en un jour, et s'élancer à des distances prodigieuses dans les régions les plus élevées de l'atmosphère. Tantôt on les voit monter, descendre, paraître, disparaître, tourner, voltiger en zigzag ; tantôt filer en droite ligne, décrire mille cercles, se jouer et se balancer avec grâce, raser la surface de l'eau ou de la terre, se soutenir en l'air par une multitude de petits chocs ou trépidations, ou bien se perdre dans les nues, et lutter contre les vents et les tempêtes. Tout en eux semble concourir vers ce but, et contribuer à la prestesse des mouvements : la légèreté de leur corps, pénétré d'air dans toutes les parties; l'amplitude de leurs poumons; la nature des téguments qui les recouvrent; la forme de leurs ailes convexes en dessus, concaves en dessous, leur grande étendue et la force des muscles qui les meuvent. Ils sont bipèdes; ils tiennent le corps incliné en avant, et portent la tête élevée; leur cerveau est proportionnellement très-grand, et cependant leur intelligence est généralement moins perfectionnée que chez les mammifères. Ils ne manquent, d'ailleurs, ni de mémoire ni d'imagination, car ils rêvent; et tout le monde sait avec quelle facilité ils s'apprivoisent et retiennent les airs et les paroles.

Les organes propres au vol sont toujours développés en raison inverse des organes propres à la marche, et réciproquement; ainsi les oiseaux qui ont le vol le plus puissant et le plus rapide sont aussi ceux qui ont les pieds les plus courts, comme par exemple, dans la plupart des *oiseaux de proie*, dans les *hirondelles*, les *martinets*, les *pigeons*, les *pétrels*, les *mouettes*, les *becs-en-ciseaux*, les *frégates*, etc.; tandis qu'au contraire ceux qui sont le plus favorablement conformés pour la marche ou la natation ont tous les ailes courtes peu proportionnées au volume de leur corps, ou n'ont que des rudiments d'aile : tels sont les *gallinacés*, ou oiseaux voisins des poules, les *autruches*, les *casoars*, les *plongeons*, les *manchots*, etc. Excepté dans ceux qui ont les pieds palmés, comme les *oies*, les *canards*, les *cygnes*, la longueur du cou est toujours en proportion avec la longueur des jambes.

Quelques familles se servent de leurs pieds comme organes de préhension, surtout celles dont les doigts sont divisés par paires; mais le bec tient lieu de main dans le plus grand nombre; c'est avec le bec qu'ils saisissent les substances propres à leur nourriture, qu'ils attaquent ou se défendent, qu'ils ramassent les matériaux nécessaires à la construction de leur nid. Le bec remplace les dents chez les oiseaux; les deux mandibules sont revêtues d'une substance semblable à la corne, composée de même par couches, et qui se hérisse quelquefois de manière à représenter de véritables dents. La dureté de cette substance est très-variable : elle est très-grande dans les *oiseaux de proie*, les *perroquets*, les *pics*, etc.; moins solide dans ceux qui avalent leurs aliments sans mastication, ou qui vivent spécialement de fruits et d'insectes; et elle se change en une simple peau, de consistance molle, dans ceux qui se nourrissent de vers et qui sont destinés à aller chercher leur nourriture dans la vase ou au fond de l'eau, comme les *pluviers*, les *vanneaux*, les *courlis*, les *bécasses*, les *râles*, les *cygnes*, les *canards*, etc. La forme des mandibules n'est pas moins variable que les téguments qui les entourent; mais toujours ces variations sont en concordance avec la nourriture des espèces.

Les oiseaux ont, en général, la tête petite et articulée sur la première vertèbre ou *atlas*, de manière à pouvoir tourner la face antérieure tout à fait en arrière.

Le cou, muni d'un grand nombre de vertèbres, s'allonge pour saisir les objets à terre, et se replie facilement, suivant les besoins de l'oiseau.

Les os de l'aile sont analogues à ceux qui forment le pied de devant ou la main des mammifères. Sur les doigts s'attachent les grosses plumes ou *pennes*, que l'on nomme *primaires*, et qui sont toujours au nombre de dix; celles qui tiennent à l'avant-bras s'appellent *secondaires*; les plumes *scapulaires* sont celles que porte l'humérus, et les *bâtardes* sont celles qui naissent sur le pouce. Comme il fallait une grande force pour mettre l'aile en mouvement et pour qu'elle pût résister au choc de l'air, la nature y a pourvu en donnant un large plastron pour point d'appui aux attaches des muscles épais et robustes qui doivent en être les moteurs. Le sternum est d'une grande étendue, bombé, muni d'une carène longitudinale, et très-convenablement conformé pour faciliter le libre développement des poumons dans la poitrine, et permettre l'introduction d'une grande quantité d'air afin d'alléger le poids de l'oiseau. Plus le sternum est développé en raison du volume du corps, plus les muscles pectoraux sont robustes, et plus le vol de l'oiseau est puissant et rapide. La grande quantité d'air qui pénètre dans leurs poumons rend la respiration et, par suite, l'irritabilité et la vie très-énergiques chez les oiseaux.

La queue osseuse est très-courte, et supporte pareillement une rangée de plumes qui servent de gouvernail à l'oiseau, et contribuent à le soutenir pendant le vol.

Le pied des oiseaux est le plus ordinairement représenté par trois doigts en avant et un derrière, ou seulement trois devant; quelquefois le pouce manque, et il est alors représenté par le doigt interne, ou bien il se porte en avant, comme dans les martinets. Le nombre des phalanges va en augmentant, en allant du pouce, qui en a deux, au doigt externe, qui en a cinq. Leur bassin est très-étendu en longueur, pour fournir des attaches aux muscles qui supportent le tronc sur lés cuisses ; il existe même une suite de muscles allant du bassin aux doigts, et passant par le genou et le talon, de manière que le seul poids de l'oiseau fléchit les doigts : ce mécanisme est indépendant de leur volonté, et explique comment ils peuvent se tenir perchés pendant leur sommeil.

L'organe de l'odorat est peu développé chez le plus grand nombre des oiseaux; les vautours et les corbeaux sont les seuls qui l'aient très-délicat.

Les sens de la vue et de l'ouïe sont ceux dont l'appareil est le plus perfectionné, particulièrement celui de la vue. Cette perfection était en quelque sorte commandée par la vitesse et la rapidité du vol dont les a doués la nature. Ils peuvent ainsi calculer et mesurer la distance des trajets qu'ils ont à parcourir, et n'ont pas à craindre sans cesse de se heurter et de trouver des obstacles. Au reste, le plus ou moins de perfection de l'organe visuel est toujours en raison du plus ou moins de perfection de l'organe du vol. Ils voient également bien de près et de loin; mais la trop grande dilatation de la pupille chez les uns laisse entrer tant de rayons lumineux qu'ils en sont éblouis, et qu'ils ne peuvent voir que la nuit ou pendant le crépuscule. Le sens de l'ouïe est surtout très-développé dans les oiseaux de nuit et dans les oiseaux crépusculaires.

Leur langue a peu de substance musculaire, et est couverte de papilles cornées : aussi le goût, chez eux, ne paraît-il point délicat.

La digestion des oiseaux est en proportion avec l'activité de leur vie et la force de leur respiration. Leur estomac est composé de trois parties : le *jabot*, qui est un renflement de l'œsophage ; un *ventricule*, ou estomac membraneux, garni dans l'épaisseur de ses parois d'une multitude de glandes dont l'humeur imbibe les aliments; enfin, le *gésier*, cavité rugueuse armée de muscles vigoureux, et dans lequel les aliments se broient d'autant plus aisément, que les oiseaux ont soin d'avaler de petites pierres pour augmenter la force de la trituration.

C'est ici le lieu d'observer que, dans les oiseaux, et généralement dans tous les animaux, la dissolution des aliments ne se fait pas seulement par les liqueurs gastriques, mais aussi par l'action organique et mécanique du ventricule, qui comprime et bat incessamment les choses qu'il contient. La nature a pourvu d'un ventricule musculeux, et a donné l'instinct d'avaler des cailloux à la plupart des animaux qui prennent une nourriture dure sans mâcher, comme tous les oiseaux qui vivent de grains. Ces cailloux, par leurs frottements, broient dans le ventricule musculeux ce que les autres animaux broient avec leurs dents ; mais cela n'empêche pas que le ventricule de certains animaux ne soit pourvu d'une vertu particulière pour digérer, dans les uns les poissons, et dans les autres les os et les chairs crues.

Les plumes sont d'une substance très-légère et composées d'une tige cornée, creuse à la base; elles sont garnies de barbes qui forment, en quelque sorte, autant de petites plumes, et qui ont aussi une tige sur les côtés de laquelle existent de petits crochets ou barbules. Ces crochets sont réunis entre eux, dans la plupart des espèces et des genres, de telle manière que l'air ne peut passer au travers. Ils servent aux oiseaux à les préserver des variations continuelles de température auxquelles les expose leur passage rapide dans les diverses régions de l'atmosphère. La nature leur a, en outre, donné une glande située sur le croupion, qui suinte un suc huileux dont ils se servent pour lubrifier leurs plumes, en les passant alternativement dans leur bec, avec lequel ils ont préalablement comprimé et pressé la glande pour en retirer une partie du suc qu'elle contient : ce suc les pénètre plus ou moins profondément, et les rend imperméables à l'humidité. Cette glande était surtout nécessaire aux oiseaux aquatiques; aussi est-elle chez eux plus développée, et peuvent-ils plonger et passer leur vie sur l'eau sans être jamais mouillés.

Tout le monde connaît le chant varié des oiseaux, la flexibilité de leur gosier et le charme de leur voix mélodieuse. On ne peut voir sans intérêt la persévérance avec laquelle ces animaux apportent brin à brin les matériaux destinés à la confection de leurs nids, et l'art avec lequel ils les arrangent; la forme et la structure de ces habitations sont toujours les mêmes pour les oiseaux d'une même espèce, mais varient beaucoup d'une espèce à une autre, et sont toujours parfaitement bien appropriées aux circonstances dans lesquelles la jeune famille est destinée à vivre : tantôt ces nids sont construits à terre et d'une manière grossière, et tantôt ils sont accolés contre le flanc d'un rocher ou d'un mur ; mais, en général, ils sont placés entre les branches des arbres ; la plupart ont une forme hémisphérique et ressemblent à un petit panier arrondi et évasé, dont les parois seraient formées de brins d'herbe ou de tigelles flexibles, et l'intérieur est garni de mousse ou de duvet ; quelquefois cependant leur disposition est plus compliquée. Un des nids les plus remarquables est celui du *baya*, petit oiseau de l'Inde assez voisin de nos bouvreuils : sa forme est à peu près celle d'une bouteille, et il est suspendu comme une poire à quelque branche tellement flexible, que les singes, les serpents et même les écureuils, ne peuvent y parvenir ; mais pour le rendre encore plus inaccessible à ses nombreux ennemis, l'oiseau en place l'entrée en dessous, de façon qu'il ne peut y pénétrer lui-même qu'en volant. C'est avec de longues herbes que cette habitation est construite, et on y trouve intérieurement plusieurs chambres, dont l'une sert à la mère pour y couver ses œufs, et une autre est occupée par le père, qui, pendant que sa compagne remplit ses devoirs maternels, l'égaye par ses chants. Un autre nid également singulier est celui d'un petit oiseau de l'Orient, voisin de nos fauvettes, le *sylvia sutoria*, qui, à l'aide du coton qu'il cueille sur le cotonnier et qu'il file avec son bec et ses pattes, coud ensemble les feuilles dont sa demeure est entourée, et la cache ainsi à la vue de ses ennemis.

Le passage rapide des oiseaux dans les différentes régions de l'air et l'action vive et continue de cet élément sur eux leur donnent les moyens de pressentir les variations de l'atmosphère dont nous n'avons nulle idée, et qui leur ont fait attribuer, dès les plus anciens temps, par la superstition, le pouvoir d'annoncer l'avenir. C'est sans doute de cette faculté que dépend l'instinct qui agite les oiseaux voyageurs, et les pousse à se diriger vers le midi, quand l'hiver approche, et à revenir vers le nord au retour du printemps.

Les caractères extérieurs d'après lesquels on distingue méthodiquement les oiseaux sont tirés principalement de la forme du bec et des pieds.

Tous les *oiseaux nageurs* sont caractérisés par des pieds *palmés*, c'est-à-dire dont les doigts sont unis par des membranes. La position de ces pieds en arrière, la longueur du corps, le cou souvent plus long que les jambes pour atteindre dans la profondeur, le plumage serré, poli, imperméable à l'eau, s'accordent avec les pieds pour faire de ces oiseaux de bons navigateurs.

D'autres oiseaux qui ont aussi le plus souvent quelque petite palmure aux pieds, au moins entre les doigts externes, se font remarquer par des jambes élevées dénuées de plumes vers le bas, une taille élancée. On les nommes *échassiers*. Le plus grand nombre marchent à gué le long des eaux pour y chercher nourriture : ce qui leur a valu aussi le nom d'*oiseaux de rivage*.

Les oiseaux terrestres, analogues à notre coq domestique, dont le port est lourd, le vol court, le bec médiocre, sont appelés *gallinacés*. Ils vivent principalement de grains.

Les *oiseaux de proie* se distinguent par un bec crochu, à pointe aiguë et recourbée vers le bas ; leurs pieds sont armés d'ongles vigoureux. Ils vivent de chair, et poursuivent les autres oiseaux : aussi ont-ils, pour la plupart le vol puissant.

Chez les *oiseaux grimpeurs*, le doigt externe se porte en arrière comme le pouce, disposition qui leur permet de s'attacher aisément le long des arbres pour grimper.

Enfin, l'on réunit sous le nom de *passereaux* tous les oiseaux qui ne vivent pas exclusivement de proie, et qui ne sont ni nageurs, ni échassiers, ni grimpeurs, ni gallinacés. Leur doigts externes sont unis par leur base.

Cette subdivision de la classe des oiseaux en six ordres peut se résumer d'une manière fort simple par le tableau suivant :

Oiseaux	Terrestres.	Serres très-puissantes. . . .			1er ordre. Oiseaux de proie.
		Serres faibles	Taille svelte.	Un seul doigt en arrière.	2e ordre. Passereaux.
				Deux doigts en arrière.	3e ordre. Grimpeurs.
			Port lourd. . . .		4e ordre. Gallinacés.
	Aquatiques.	Jambes hautes et nues. . .			5e ordre. Échassiers.
		Jambes courtes et pieds palmés.			6e ordre. Palmipèdes.

ORDRE DES OISEAUX DE PROIE.

Ces oiseaux sont dans leur classe ce que les carnassiers sont parmi les mammifères. On les reconnaît à leur bec et à leurs ongles crochus, armes puissantes au moyen desquelles ils poursuivent les autres oiseaux, les quadrupèdes faibles et les reptiles. Leurs jambes sont fortes et pourvues de muscles vigoureux. Les uns chassent pendant le jour, et les autres pendant la nuit. De là leur division en deux grandes familles, les *diurnes* et les *nocturnes.*

Les oiseaux de proie diurnes ont les yeux dirigés sur les côtés; trois doigts devant, un derrière, sans plumes, le plumage serré, les pennes ou grandes plumes très-fortes, le vol puissant. C'est dans cette famille que se trouvent les espèces les plus redoutables. On y remarque les *vautours*, caractérisés par des yeux à fleur de tête, un bec allongé, recourbé seulement vers son extrémité, la tête et le cou presque entièrement dénués de plumes ; ils ne combattent guère les vivants que quand ils ne peuvent s'assouvir sur les morts. Les *faucons* font aussi partie de la même famille ; ils se distinguent des vautours en ce qu'ils ont la tête et le cou revêtus de plumes. Les *aigles* (fig. 29) sont rangés par les naturalistes au nombre des faucons. Les *milans*, les *bondrées* et les *buses* sont des espèces très-voisines, mais à bec plus faible que les aigles.

(Fig. 30.) Les oiseaux de proie nocturnes se font remarquer par une grosse tête, de grands yeux dirigés en avant. Leur énorme pupille laisse entrer tant de lumière, qu'ils sont éblouis par le plein jour. Leurs ailes sont peu vigoureuses ; leurs plumes, à barbes douces finement duvetées, ne font aucun bruit en volant. Ils volent de préférence pendant le crépuscule et le clair de lune. De jour, quand ils sont attaqués ou frappés

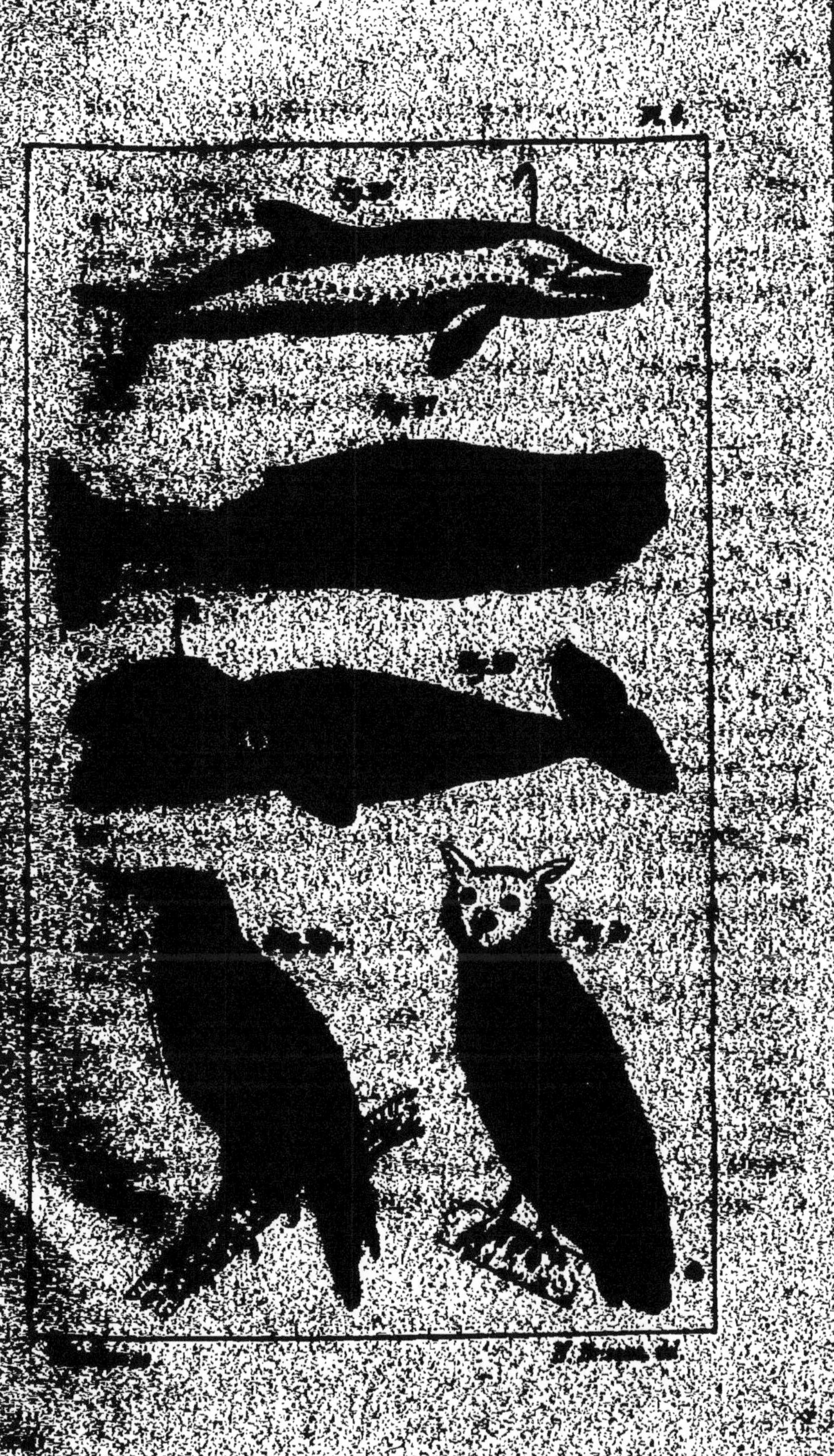

de quelque objet nouveau, au lieu de s'envoler, ils se redressent, prennent des postures bizarres et font des gestes ridicules. Les petits oiseaux ont contre eux une antipathie naturelle et se réunissent de toutes parts pour les assaillir, de sorte que l'on peut s'en servir pour attirer les oiseaux au piége. On leur donne souvent, à tous indistinctement, le nom de *hiboux* ou de *chouettes*; les espèces ne diffèrent entre elles que par des caractères insignifiants.

ORDRE DES PASSEREAUX.

Tous les oiseaux compris sous la dénomination générale de *passereaux* se nourrissent habituellement d'insectes, de fruits et de grains, mais à des degrés divers, suivant la force de leur bec. Ils recherchent d'autant plus les fruits que leur bec est plus gros, et préfèrent, au contraire, les insectes lorsqu'ils ont le bec grêle. Quelques-uns même poursuivent les petits oiseaux, mais ils n'ont jamais la férocité des oiseaux de proie.

Cet ordre, extrêmement varié, comprend à peu près tous les oiseaux qui font l'ornement de nos volières et le charme de nos campagnes, tels que le *rossignol*, la *fauvette*, le *roitelet*, le *merle*, l'*hirondelle*, l'*alouette*, la *mésange*, le *moineau*, la *linotte*, etc., etc.; le *corbeau*, la *pie*, le *geai* font aussi partie de cet ordre. On y trouve encore l'*oiseau de paradis* (fig. 31), originaire de la Nouvelle-Guinée, et si célèbre par la beauté de ses plumes, dont on fait des panaches et des éventails.

Les *hirondelles* se font remarquer par un plumage serré, leur queue fourchue, des ailes très-longues, et la rapidité de leur vol; les jambes courtes et de très-petits pieds ne leur permettent pas de se relever facilement lorsqu'elles sont à terre, aussi passent-elles pour ainsi dire leur vie en l'air, poursuivant en troupes et à grands cris les insectes jusque dans les plus hautes régions. Certaines hirondelles nichent à terre, aux angles des fenêtres, sous le rebord des toits; d'autres nichent de préférence dans les cheminées; d'autres enfin pondent dans des trous, le long des eaux : ces dernières s'engourdissent pendant l'hiver; elles vont se percher sur les roseaux dans les étangs, se mettent en tas, forment une espèce de môle, et se laissent tomber au fond des eaux, où elles restent comme sans mouvement et sans vie jusqu'au retour de la belle saison; ce fait, quoique singulier, paraît indubitable. Mais les autres espèces d'hirondelles émigrent sans doute pendant l'hiver et se transportent dans des climats moins rigoureux; elles disparaissent à l'arrivée des canards sauvages, qui sont également des oiseaux passagers, et qui viennent hiverner chez nous; c'est pour cela qu'elles s'assemblent en cette saison; elles paraissent concerter entre elles le moment de leur départ, qui se fait souvent dans le silence de la nuit.

ORDRE DES GRIMPEURS.

Les oiseaux qui composent cet ordre sont caractérisés par la faculté de diriger leur doigt extérieur en arrière comme le pouce, ce qui leur permet de se cramponner au tronc des arbres, où ils peuvent aussi grimper facilement. Presque tous nichent dans les trous des vieux arbres ; ils se nourrissent de fruits ou d'insectes, et ne volent qu'assez faiblement. Les *perroquets*, les *toucans*, les *coucous* et les *pics* (fig. 32) sont les principales espèces.

Les *pics* sont les oiseaux grimpeurs par excellence ; on les reconnait à leur bec long, droit, anguleux, comprimé en coin à son extrémité, et propre à fendre l'écorce des arbres ; leurs cuisses sont très-musculeuses, leurs pieds solides, dont les deux doigts de devant et les deux de derrière sont armés d'ongles crochus et pointus qui leur servent à monter le long des arbres ; leur langue grêle, armée vers le bout d'épines recourbées en arrière, peut sortir très-avant hors du bec ; leur queue, qui est munie de longues plumes à tiges roides et élastiques, leur sert de soutien lorsqu'ils grimpent le long des arbres. Le *picvert* ou *pivert* de nos climats, gros comme une tourterelle, vert dessus, blanchâtre dessous, avec la calotte rouge, est un de nos plus beaux oiseaux ; il aime les bois de plaine peu épais. Sa langue, qui peut sortir de six pouces, est toujours enduite de glu vers son extrémité. Il tire sa subsistance de petits vers ou insectes qui vivent dans le bois ; il essaye, par de forts coups de bec qu'il donne le long des branches, les endroits qui sont cariés et vides ; il s'arrête où la branche sonne creux, et casse avec son bec l'écorce et le bois ; après quoi, il avance son bec dans le trou qu'il a fait et pousse une sorte de sifflement dans le creux de l'arbre, pour détacher et mettre en mouvement les insectes qui y dorment et qui s'y croient en sûreté ; alors il darde sa langue dans le trou, et, à l'aide des aiguillons dont elle est hérissée et de la colle dont elle est poissée, il emporte ce qu'il trouve de petits animaux pour s'en nourrir. Son bec est si dur et si fort, qu'on l'entend souvent dans les forêts frapper contre les vieux chênes, les hêtres, les charmes et les peupliers ; c'est là qu'avec le temps il fait des trous aussi bien arrondis que pourrait le faire un géomètre avec son compas. On croit communément que, dès qu'il a donné quelques coups de bec à un arbre, il va aussitôt de l'autre côté pour voir s'il est percé d'outre en outre ; mais c'est une erreur, car si l'oiseau tourne autour de l'arbre, c'est plutôt pour y prendre les insectes qu'il a mis en mouvement.

ORDRE DES GALLINACÉS.

Cet ordre tire son nom de la ressemblance plus ou moins frappante que tous les oiseaux qui le composent ont avec le coq domestique. C'est lui qui nous a fourni la plupart de nos oiseaux de basse-cour, et qui nous procure chaque jour une quantité considérable d'excellent gibier. Tous les gallinacés ont le bec supérieur voûté, le port lourd, les ailes courtes : ils pondent et couvent leurs œufs à terre, sur quelques brins de paille étalés grossièrement.

Les *paons*, les *dindons*, les *pintades*, les *faisans*, les *perdrix*, les *cailles*, les *pigeons* sont des gallinacés. On connaît généralement ces divers animaux.

ORDRE DES ÉCHASSIERS OU OISEAUX DE RIVAGE.

Les échassiers (fig. 33) se distinguent au premier aspect à de longues jambes nues, qui leur permettent de marcher dans des eaux assez profondes sans se mouiller les plumes. A l'aide de leur cou, également fort long, ils peuvent aisément pêcher en se tenant debout. Ceux qui ont le bec fort vivent de poissons ou de reptiles ; ceux qui l'ont faible vivent de vers et d'insectes. Quelques-uns se contentent de graines, et vivent éloignés des eaux. La plupart de ces oiseaux ont les ailes longues et volent bien; ils étendent leurs jambes en arrière lorsqu'ils volent, et, en cela, ils diffèrent des autres oiseaux, qui les ploient sous le ventre. On a cependant placé parmi les échassiers deux genres que leur forme extérieure et leur manière de vivre pourraient faire ranger parmi les gallinacés ; ils n'ont en quelque sorte de commun avec les échassiers que la hauteur et la nudité des jambes : ce sont les *autruches* et les *casoars*, énormes oiseaux privés de la faculté de voler parce que leurs ailes sont trop courtes. Les autruches vivent dans les déserts de l'Afrique et de l'Amérique méridionale; celles de l'ancien continent atteignent jusqu'à trois mètres de hauteur; les autres sont plus petites. Les casoars, qui ressemblent beaucoup aux dindons, mais dont les plumes sont une sorte de crin tombant, vivent dans l'archipel des Indes et la Nouvelle-Hollande.

On range dans l'ordre des échassiers les *outardes*, les *pluviers*, les *vanneaux*, les *grues*, les *hérons*, les *ci-*

gognes, les *courlis*, les *bécasses*, les *râles*, les *poules d'eau*, les *flamants*, etc., etc.

ORDRE DES PALMIPÈDES.

Il est caractérisé par des pieds évidemment destinés à la natation, c'est-à-dire, implantés à l'arrière du corps et palmés entre les doigts; cette position des pieds fait qu'ils ont de la peine à marcher, et que leur corps vacille en marchant, comme on le remarque chez les canards. Un plumage serré, lustré, imbibé d'un suc huileux, garni près de la peau d'un duvet épais, les garantit contre l'eau, sur laquelle ils vivent. Ce sont aussi les seuls oiseaux où le cou dépasse, et même quelquefois de beaucoup, la longueur des pieds, parce qu'en nageant sur la surface, ils ont souvent besoin de chercher dans la profondeur.

On a des exemples bien familiers de palmipèdes dans les *canards*, les *oies* et les *cygnes*; les *plongeons*, les *pélicans*, les *pétrels*, les *albatros*, les *manchots* (fig. 34) appartiennent au même ordre.

TROISIÈME CLASSE DES VERTÉBRÉS.

LES REPTILES

Cette classe comprend les animaux vertébrés ovipares, qui rampent comme les serpents, ou dont le ventre porte presque toujours sur le sol lorsqu'ils marchent, comme les lézards, les tortues et les crapauds.

Pl. 7.

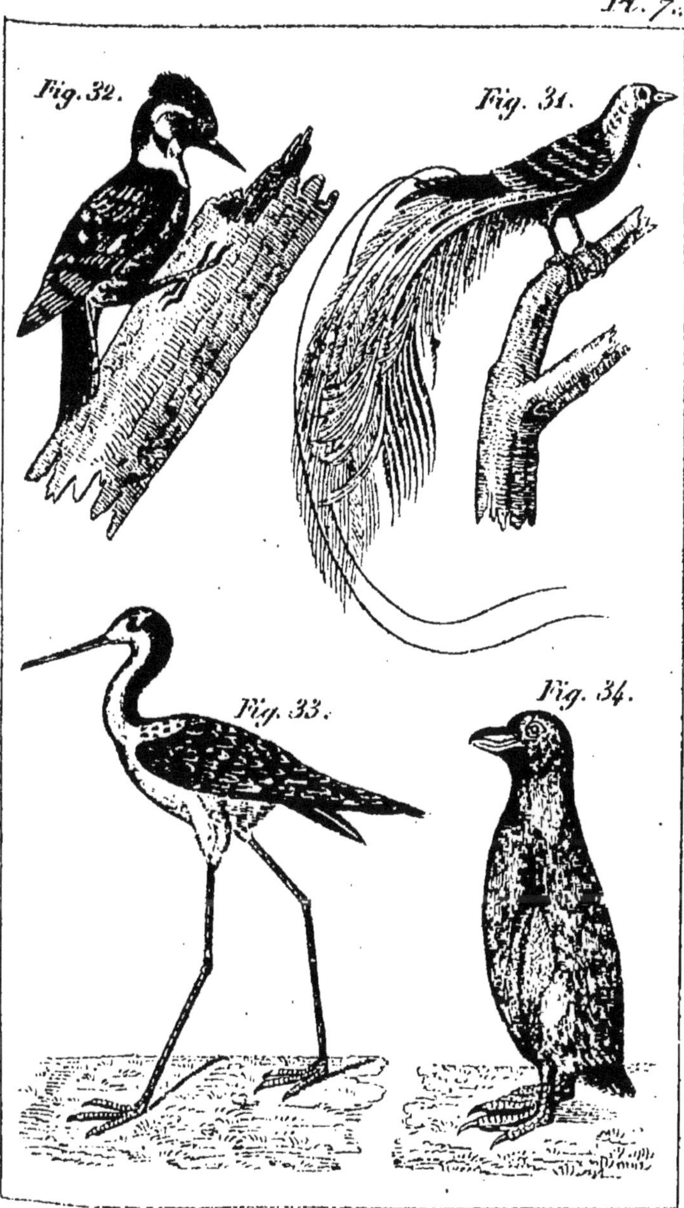

Lith. Goyer, 7, Pass. Dauphine, Paris.

Les reptiles respirent par des poumons, au moins dans l'âge adulte ; mais chez eux le sang qui se rend au cœur par les veines ne passe pas tout entier par le poumon avant de retourner dans les différentes parties du corps ; une partie seulement vient respirer. Or, comme c'est la respiration qui donne au sang sa chaleur, les reptiles ont le sang froid ; ils n'ont point de température propre comme les mammifères, et possèdent la propriété singulière de partager celle du milieu dans lequel ils vivent. Par suite de la même cause, leur force musculaire est peu considérable, en sorte qu'ils sont généralement paresseux. Quelques-uns, à la vérité, comme les lézards, se meuvent parfois avec une grande agilité ; mais ils ne parcourent ainsi que des trajets fort courts, et retombent bientôt dans leur apathie naturelle. Dans les pays froids ou tempérés, ils passent presque tout l'hiver en léthargie ; ils digèrent avec une excessive lenteur, et ne sont point susceptibles d'éprouver des sensations aussi vives que les animaux précédents. Leur cerveau, très-petit proportionnellement à leur taille, n'est pas aussi nécessaire que dans les deux premières classes à l'exercice de leurs facultés vitales ; leurs sensations semblent moins se rapporter à un centre commun ; ils continuent de vivre et de montrer des mouvements volontaires, longtemps après avoir perdu le cerveau, et même quand on leur a coupé la tête. Leur chair conserve son irritabilité bien plus longtemps après avoir été séparée du reste du corps que dans les classes précédentes ; leur cœur bat plusieurs heures après qu'on l'a arraché, et sa perte n'empêche pas le corps de se mouvoir encore longtemps.

La quantité de sang qui vient passer par leurs poumons étant peu considérable, tandis que les poumons sont, au contraire, en général, fort grands, ces organes peuvent loger une quantité d'air suffisante pour alimenter la respiration pendant un temps assez considérable. Aussi, les reptiles plongent-ils plus aisément et plus longtemps que les mammifères et les oiseaux.

Comme ils n'ont pas de température propre, et qu'ils possèdent la faculté de partager celle du milieu dans lequel ils vivent, leur enveloppe n'a pas besoin d'être de nature à conserver la chaleur. Aussi, sont-ils tous recouverts d'écailles ou simplement d'une peau nue.

Ces animaux pondent des œufs comme les oiseaux, mais ils ne les couvent pas. Les grenouilles et les autres reptiles du même ordre ont, au sortir de l'œuf, la forme et les branchies des poissons ; et quelques genres conservent ces organes, même après le développement de leurs poumons.

La classe des reptiles se divise naturellement en quatre ordres, d'après les caractères indiqués dans ce tableau :

Reptiles	Pourvus de pieds.	Corps revêtu	de deux plaques.	1er ordre. CHÉLONIENS.
			d'écailles.	2e ordre. SAURIENS.
		Corps nu.		3e ordres. BATRACIENS.
	Dépourvus de pieds.			4e ordre. OPHIDIENS.

ORDRE DES CHÉLONIENS OU TORTUES.

Tous ces animaux se distinguent au premier coup d'œil par le double bouclier dont ils sont revêtus, et qui ne laisse passer au dehors que leur tête, leur cou, leur queue et leurs quatre pieds (fig. 35). Le bouclier supérieur, nommé *carapace*, est formé par les côtes soudées entre elles ; le bouclier inférieur, nommé *plastron*, est formé de pièces qui représentent le sternum.

Les tortues n'ont point de dents : leur mâchoire est revêtue de corne comme celle des oiseaux, ou d'une simple peau. Elles sont très-vivaces ; lorsqu'on leur a coupé la tête, elles vivent souvent encore pendant plusieurs semaines. Elles mangent fort peu, et peuvent se passer de nourriture pendant des mois entiers, et même des années. Le Jardin des Plantes de Paris en a possédé une vivante pendant plus de trois ans sans qu'on l'ait jamais vue manger.

Il y a des tortues destinées à vivre sur la terre ; leurs pattes sont alors conformées pour la marche seulement. Leur tête et leurs jambes peuvent se retirer entièremen dans la carapace, qui est très-bombée. C'est le moyen que l'animal emploie pour se préserver de ses ennemis. La plupart de ces tortues se nourrissent de matières végétales ; leur carapace est recouverte de la substance que nous nommons *écaille*. On les trouve en assez grand nombre sur les bords de la Méditerranée. Elles pondent au printemps quatre ou cinq œufs semblables à ceux des pigeons ; vivent de feuilles d'insectes et de vers ; se creusent un trou pour y passer l'hiver.

Les tortues destinées à vivre dans l'eau ont les pieds aplatis en nageoires : quelques espèces marines pèsent jusqu'à cinq cents livres, et davantage.

ORDRE DES SAURIENS OU LÉZARDS.

La forme des lézards est connue de tout le monde. Tous les animaux du même ordre ont une queue plus ou moins longue, presque toujours fort épaisse à sa base ; le plus grand nombre a quatre jambes ; quelques-uns seulement n'en ont que deux. Leur bouche est toujours armée de dents ; leurs doigts portent des ongles ; leur peau est revêtue d'écailles plus ou moins serrées, ou de petits grains écailleux ; mais ils n'ont jamais d'enveloppe solide comme celle des tortues ; leurs côtes sont mobiles comme celles de l'homme. Leurs œufs ont une enveloppe plus ou moins dure. Les petits en sortent avec la forme qu'ils doivent toujours conserver.

(Fig. 36.) Les plus redoutables de ces animaux sont les crocodiles ; on en cite qui atteignent jusqu'à douze mètres de longueur ; ils attaquent également les hommes, les chevaux, les sangliers et les buffles, et n'épargnent même pas leur propre espèce, puisqu'on a vu de vieux crocodiles en dévorer de plus jeunes. Quelques-uns ont la peau couverte de coquillages, et parfois aussi de plantes marines, qui, croissant sur leur dos, cachent en quelque sorte ces animaux terribles sous leur verdure. Leurs œufs sont durs et gros comme ceux de nos oies. C'est d'une petitesse extrême comparativement aux parents. Les mères les gardent, et quand ils sont éclos, elles soignent les petits pendant quelques mois, tandis que les tortues ne soignent point les leurs. On trouve des crocodiles dans le Nil, dans le Gange, l'île de Timor, et les fleuves de l'Amérique équinoxiale.

ORDRE DES OPHIDIENS OU SERPENTS.

Ce sont les véritables reptiles ou animaux rampants, car ils n'ont pas de pieds. Ils se meuvent par des replis que leur corps fait sur le sol. Pour favoriser ce genre de mouvement, la nature les a pourvus d'un grand nombre de vertèbres, dont chacune tourne latéralement sur sa voisine comme une porte sur ses gonds. Il existe des serpents sur lesquels on compte jusqu'à trois cents vertèbres. Aussi, ces animaux peuvent-ils se tourner de côté et se rouler en spirale avec une grande facilité.

(Fig. 37.) Les serpents venimeux ont la mâchoire supérieure munie d'une dent aiguë percée d'un petit canal qui donne issue à une liqueur sécrétée par une glande considérable située sous l'œil. C'est cette liqueur qui, versée dans la plaie par la dent, porte le ravage dans le corps des animaux et y produit souvent des effets très-funestes. Cette dent se cache dans un pli des gencives quand le serpent ne veut pas s'en servir ; il y a derrière elle plusieurs germes destinés à la remplacer si elle se casse dans une plaie. Leur morsure est très-dangereuse ; cependant on peut s'en guérir en appliquant aussitôt sur la plaie de l'alcali volatil, ou en la cautérisant avec un fer rouge. Si l'on ne peut employer promptement ces moyens, il faut opérer provisoirement une forte ligature au-dessus de la plaie pour empêcher le sang envenimé de se porter vers le cœur, car il pourrait occasionner la mort; on cautérise ensuite la plaie profondément avec un fer rouge blanc; mais le remède incontestablement le plus efficace est la succion. J'ai moi-même été mordu par une vipère entre le pouce et l'index de la main droite; je me mis sur-le-champ à sucer la plaie, sans discontinuer pendant plus de deux heures, en ayant soin de cracher souvent pour ne point avaler le venin et ne pas le laisser séjourner longtemps dans la bouche. Il n'y a pas le moindre danger dans ce remède, et je puis affirmer que je sucerais sans aucune crainte la plaie d'une personne mordue par une vipère.

ORDRE DES BATRACIENS.

Les reptiles de cet ordre se distinguent des autres en ce qu'ils subissent toujours des métamorphoses après leur naissance. Ils naissent à l'état de têtard vivant dans l'eau, et respirent tous dans leur premier âge à la manière des poissons, c'est-à-dire par des *branchies*, sorte d'appareil adapté aux deux côtés du cou, qui consiste en feuillets suspendus à des arceaux, et composés chacun d'un grand nombre de lames placées à la file, et recouvertes d'un tissu d'innombrables vaisseaux sanguins. Mais ils ont, en outre, deux poumons qu'ils conservent toute leur vie, tandis que la plupart d'entre eux perdent leurs branchies au bout de peu de temps.

Les grenouilles (fig. 38), les crapauds et les salamandres sont des exemples d'animaux de cet ordre bien connus de tout le monde.

QUATRIÈME CLASSE.

POISSONS.

Dans cette grande classe d'animaux, la charpente du corps est encore composée de pièces solides réunies intérieurement autour d'une colonne vertébrale, comme dans les trois classes précédentes. Tous les poissons pondent des œufs comme les oiseaux et les reptiles. Ils ne respirent que par l'intermédiaire de l'eau, et, par conséquent, ne pourraient point vivre hors de cet élément. Pour respirer, ils ont aux deux côtés du cou un appareil nommé *branchies*, lequel consiste en feuillets suspendus à des arceaux, composés chacun d'un grand nombre de lames placées à la file, et recouvertes d'un tissu d'innombrables vaisseaux sanguins. L'eau que le poisson avale s'échappe entre ces lames par des ouvertures nommées *ouïes*, et agit, au moyen de l'air qu'elle contient, sur le sang continuellement envoyé aux branchies par le cœur, qui ne se compose que d'un ventricule et d'une oreillette. Le sang, après avoir respiré, se rend dans un tronc artériel situé sous l'épine du dos. Ce tronc l'envoie par tout le corps, d'où il revient au cœur par les veines.

Toute la structure des poissons nous montre clairement que la Providence les a destinés à nager, comme elle a destiné les serpents à ramper, les oiseaux à voler, les quadrupèdes à marcher. Un grand nombre d'espèces de poissons portent immédiatement sous l'épine une vessie pleine d'air qui, en se comprimant ou en se dilatant, fait varier le poids spécifique de l'animal, et l'aide ainsi à monter et à descendre. La progression, ou transport d'un lieu dans un autre, s'exécute par les mouvements de la queue, qui choque alternativement l'eau à droite et à gauche ; et les branchies, en poussant l'eau en arrière, y contribuent aussi. Tous les mouvements sont favorisés par des nageoires, qui remplacent les membres des autres animaux. Les nageoires, qui répondent aux extrémités antérieures, se nomment *pectorales* ; celles qui répondent aux extrémités postérieures se nomment *ventrales*. D'autres nageoires sont disposées verticalement sur le dos, sous la queue et à son extrémité ; ces nageoires, en se redressant ou en s'abaissant, étendent ou rétrécissent, au gré du poisson, la surface qui choque l'eau. Celles du dos s'appellent *dorsales*, celles du dessous de la queue *anales*, et celles de l'extrémité de la queue *caudales*.

Les vertèbres des poissons s'unissent par des surfaces concaves remplies de cartilages. Dans la plupart, les vertèbres ont de longues saillies épineuses qui soutiennent la forme verticale du corps. Ces saillies et les côtes forment ce que nous nommons les *arêtes*.

La plupart des poissons ont, comme chacun sait, le corps couvert d'écailles ; tous manquent d'organes de préhension, et ne peuvent saisir qu'avec la bouche : le toucher doit être chez eux très-imparfait ; cependant les barbillons charnus, accordés à quelques-uns, doivent leur rendre le tact plus facile ; leur langue, en grande partie osseuse, et souvent garnie de dents ou d'autres enveloppes dures, ne permet pas de croire que chez eux

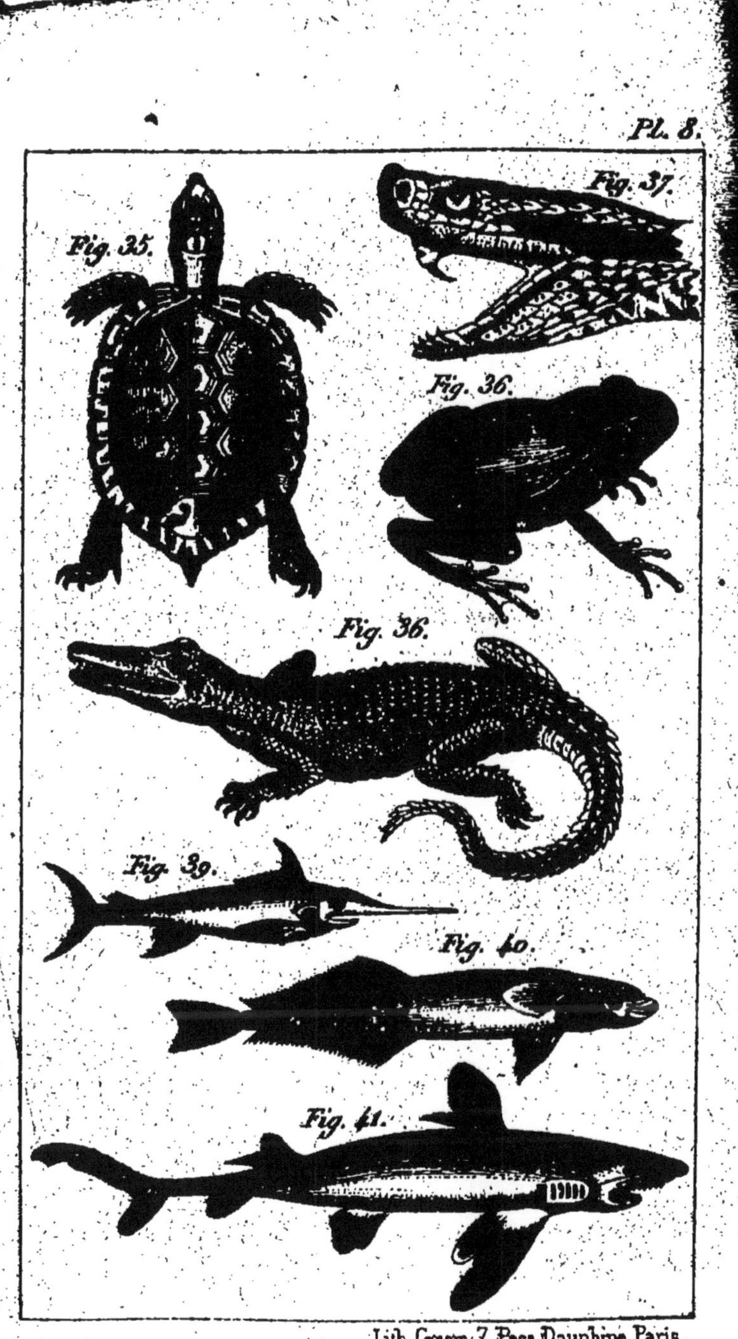

Lith. Goyer 7, Pass. Dauphine, Paris.

le goût soit un sens bien développé. Le nombre et la distribution de leurs dents varient à l'infini.

La classe des poissons forme deux séries distinctes, dont la première comprend les poissons à charpente osseuse, et la seconde comprend les poissons à charpente cartilagineuse.

Parmi les poissons à charpente osseuse on remarque les *perches*, les *vives*, les *maquereaux*, les *thons*, les *espadons* (fig. 39), les *carpes*, les *barbeaux*, les *goujons*, les *brochets*, les *saumons*, les *harengs*, les *sardines*, les poissons si célèbres sous le nom de *rémoras* (fig. 40).

Au nombre des poissons cartilagineux se trouvent les *requins* (fig. 41), les *raies*, les *torpilles*, les *lamproies*, etc.

Le *requin* ordinaire atteint jusqu'à huit mètres de longueur; il se reconnaît à ses dents en triangle, pointues, et en général dentelées sur leurs bords, armes terribles qui en font l'effroi des navigateurs; on le trouve dans toutes les mers.

Les *torpilles*, qui ressemblent beaucoup aux raies, ont auprès de chaque nageoire pectorale un appareil formé de petits tubes membraneux, serrés les uns contre les autres comme des rayons d'abeilles et subdivisés en cellules par des lamelles nombreuses. C'est dans cet appareil que réside la vertu électrique qui a rendu ces poissons célèbres et qui leur a valu leur nom.

TROISIÈME SECTION

DEUXIÈME EMBRANCHEMENT DU RÈGNE ANIMAL

LES ANIMAUX ARTICULÉS

Le squelette de ces animaux n'est ni intérieur, comme chez les vertébrés, ni nul, comme chez les mollusques et les zoophytes ; il se compose d'anneaux qui entourent le corps et souvent les membres ; ces anneaux, presque toujours assez durs, sont autant d'étuis articulés ou emboîtés entre eux, de manière à se prêter aisément aux divers mouvements que l'animal a besoin d'exécuter : de sorte qu'on trouve dans ce nouvel embranchement du règne animal, comme parmi les vertébrés, la marche, la course, le saut, la natation, le vol. Il y a cependant quelques familles dépourvues de pieds, ou dont les pieds n'ont que des articles membraneux et mous, qui sont bornés à ramper. Les mâchoires de ces animaux, lorsqu'ils en ont, sont toujours latérales et se meuvent de dedans en dehors, et non de haut en bas, comme chez les vertébrés. Ils se présentent sous quatre formes principales qui fournissent autant de classes.

Les ANNÉLIDES OU VERS A SANG ROUGE, dont le corps, plus ou moins allongé, est toujours divisé en anneaux nombreux, dont le premier, qui se nomme *tête*; est à peine différent des autres, si ce n'est par la présence de la bouche et des principaux organes des sens. Ils ont généralement le sang rouge comme les vertébrés. Jamais ils n'ont de pieds articulés ; mais le plus grand nombre porte, au lieu de pieds, des soies ou des faisceaux de soies roides et mobiles, comme l'*eunice* (fig. 42). Les *sangsues* et les *vers* de terre sont des annélides.

Les CRUSTACÉS ont tous des membres articulés plus ou moins compliqués, attachés aux deux côtés du corps, et des *antennes* ou filaments articulés attachés sur le devant de la tête, presque toujours au nombre de quatre ; plusieurs mâchoires transversales et des yeux composés. Leur sang est blanc; ils respirent par des branchies. Les *écrevisses*, les *homards*, les *crabes* (fig. 43), etc., peuvent servir d'exemple pour cette classe.

Les ARACHNIDES ont la tête et le thorax réunis en une seule pièce portant de chaque côté des membres articulés. Mais aucun n'a d'antennes; leurs principaux viscères sont renfermés dans un sac attaché en arrière de ce thorax : leurs yeux, en nombre variable, sont toujours simples ; leur sang est blanc ; ils respirent par des poumons ou des trachées. L'*araignée* commune est le type de cette classe. La figure 44 représente la *mygale* ou *araignée maçonne*.

Les INSECTES, qui forment la classe la plus nombreuse de tout le règne animal, sont tous les animaux articulés non compris dans les trois classes précédentes. Leur corps se partage généralement en trois parties (fig. 45) : la *tête*, qui porte les antennes, les pieds et la bouche; le *thorax* ou *corselet*, qui porte les yeux et les ailes, quand il y en a ; et l'*abdomen*, qui est suspendu en arrière du thorax, et renferme les principaux viscères : tels sont les *abeilles*, les *mouches*, *les papillons*, le *crabe doré* ou la *jardinière* (fig. 45). Cependant, il y a quelques genres dont le corps se divise en un assez grand nombre d'articles à peu près égaux : c'est ce qui a lieu chez les *myriapodes*. Les insectes qui ont des ailes ne les reçoivent qu'à un certain âge, et passent souvent par deux formes plus ou moins différentes avant de prendre celle d'insecte ailé. Dans tous les états, ils respirent par des *trachées*, c'est-à-dire par des conduits élastiques qui reçoivent l'air par des *ouvertures* placées sur les côtés, et le distribuent en se ramifiant à l'infini dans tous les points du corps. On n'aperçoit qu'un vestige de cœur, qui est un vaisseau attaché le long du dos, et éprouvant des contractions alternatives.

Les insectes varient à l'infini par leurs formes, par leur industrie et leur manière de vivre. Les crustacés et les arachnides leur ressemblent à beaucoup d'égards pour la forme antérieure et pour la disposition des organes du mouvement, des sensations et de la manducation ; aussi ces trois classes ont-elles longtemps été confondues en une seule sous le nom d'*insectes*.

Voici le tableau de la distribution précédente :

Animaux articulés.	Dépourvus de membres articulés.			1re classe. ANNÉLIDES.
	A membres articulés.	Respirant par des branchies.		2e classe. CRUSTACÉS.
		Respirant par des poumons ou des trachées.	Tête réunie au thorax.	3e classe. ARACHNIDES.
			Tête distincte du thorax.	4e classe. INSECTES.

Les bornes d'un ouvrage aussi succinct que celui-ci

ne permettent pas de donner sur les insectes des détails du plus haut intérêt, et presque tous de nature à piquer vivement la curiosité du lecteur. Qui ne connaît d'ailleurs l'industrie des abeilles et des fourmis, l'art avec lequel l'araignée file sa toile, et le ver à soie son cocon? C'est chez les insectes que l'instinct est porté au plus haut point et produit les effets les plus merveilleux, les plus propres à frapper l'imagination et à convaincre de l'existence d'une Providence divine qui sait pourvoir sans cesse aux besoins de tous les êtres.

QUATRIÈME SECTION

TROISIÈME EMBRANCHEMENT DU RÈGNE ANIMAL

LES MOLLUSQUES

On donne le nom de *mollusques* à des animaux mous dont l'organisation est encore assez compliquée pour qu'on ne les rejette point à la fin du règne animal. Les *limaçons*, les *huîtres*, les *seiches*, les *poulpes*, sont des mollusques. Leur corps dénué de charpente, soit intérieure, soit extérieure, est complétement mou; et leur peau, souvent recouverte par une coquille, ne s'endurcit jamais au point de former une charpente extérieure comme on en voit à l'écrevisse. Leurs nerfs ne se réunissent point en une moelle épinière, mais seulement en un petit nombre de masses dispersées en différents points du corps, et dont la principale est située sous l'œsophage. Les uns respirent par des poumons, les autres par des branchies. Leurs organes du mouvement sont formés par des muscles qui s'attachent à divers points de la peau, et constituent un tissu plus ou moins serré; les contractions de ces muscles dans divers sens produisent des inflexions et des prolongements ou relâchements au moyen desquels les mollusques rampent, nagent et saisissent différents objets; mais comme leurs membres ne sont point soutenus par des pièces solides et articulées, ils ne peuvent exécuter des mouvements rapides et précis. Jamais ils n'ont de pattes disposées en séries de chaque côté du corps comme les vertébrés et les articulés. Leur peau est nue, très-sensible, ordinairement enduite d'une humeur qui suinte de ses pores. Leur sang est blanc ou bleuâtre et très-aqueux.

Ils ont presque tous un développement de la peau qui recouvre leur corps et ressemble plus ou moins à un *manteau*, nom sous lequel on le désigne, comme on le voit sur le *calmar* (fig. 46). Ceux dont le manteau est simplement membraneux ou charnu sont appelés *mollusques nus :* tels sont la *limace vulgaire* et les *poulpes*. Mais le plus souvent il se forme dans l'épaisseur ou à la surface de ce manteau un dépôt de matière pierreuse ou cornée, disposée par couches ou transsudée par la peau, et qui constitue une coquille. Les mollusques qui sont protégés par un abri de cette sorte sont appelés *testacés ;* les *colimaçons*, les *huîtres* et les *moules* sont dans ce cas.

Les coquilles varient à l'infini pour la forme, la couleur, la surface, la substance et l'éclat. Les mollusques eux-mêmes sont des animaux peu développés, peu susceptibles d'industrie, mais leur vie est très-tenace ; chacun sait que les colimaçons auxquels on a coupé la tête ne meurent pas pour cela, et que même leur tête repousse le plus souvent, surtout dans le midi.

CINQUIÈME SECTION

QUATRIÈME EMBRANCHEMENT DU RÈGNE ANIMAL

LES ZOOPHYTES OU ANIMAUX RAYONNÉS

Cet embranchement comprend les animaux dont l'organisation est le plus simple. Les organes de la sensibilité, de la circulation, du tact, de la respiration, de l'ouïe, n'ont pas de siége bien distinct. L'organe de la digestion est chez quelques-uns un canal fort simple, parfois avec deux issues, mais souvent en forme de sac; chez d'autres, ce canal manque tout à fait, et l'introduction des aliments paraît s'effectuer par tous les pores.

Plusieurs de ces animaux se reproduisent par bourgeons, à la manière des végétaux. Cette circonstance, jointe à ce que leurs organes extérieurs présentent une disposition rayonnante comme les pétales des fleurs, est ce qui leur a valu le nom de *zoophytes* ou *animaux-plantes*. Mais ils se distinguent essentiellement des végétaux en ce qu'ils jouissent de la sensibilité et du mouvement volontaire. Dans beaucoup d'espèces, les individus sont agrégés entre eux pour former des animaux composés. Quelques-unes vivent au fond des mers en sociétés prodigieusement nombreuses, et y exécutent des travaux immenses.

C'est dans la zone torride, dans le sein des mers les plus chaudes, que ces espèces innombrables paraissent avoir fixé leur habitation et leur empire ; c'est sous cette zone que s'élèvent exclusivement ces récifs redoutables, ces îles nombreuses, ces vastes archipels, monuments prodigieux de leur puissance. Toutes les îles de la Société, la Nouvelle-Irlande, la Louisiane, l'archipel de Salomon, les îles des Amis, des Mariannes, l'archipel du Saint-Esprit, les îles des Navigateurs, les Marquises, l'archipel Dangereux, tous ceux qui se projettent sur le flanc oriental de la Nouvelle-Hollande ; en un mot, la plupart de ces îles innombrables qui se trouvent disséminées dans le grand Océan équinoxial, paraissent être, les unes en totalité, les autres en partie, l'ouvrage de ces faibles zoophytes. Les relations des voyageurs qui ont navigué sur ces mers sont remplies de l'expression de la terreur que leurs travaux inspirent. Presque tous coururent les plus grands dangers au milieu des récifs que ces animaux élèvent du fond de l'Océan jusqu'à la surface. Le danger qu'ils présentent est d'autant plus à craindre, qu'ils forment des rochers escarpés, couverts par les flots, et qui ne peuvent être aperçus qu'à de très-petites distances. Si le calme survient et que le vaisseau y soit porté par les courants, sa perte est presque inévitable ; on chercherait en vain à se sauver en jetant l'ancre ; elle ne pourrait atteindre le fond, même tout près de ces murs de corail élevés perpendiculairement du fond des eaux. Ces polypiers, dont l'accroissement continuel obstrue de plus en plus le bassin des mers, sont faits pour effrayer les navigateurs ; et beaucoup de bas-fonds qui offrent encore aujourd'hui un passage ne tarderont pas à former des écueils extrêmement dangereux.

Dans la grande île de Timor, on peut, à marée basse, s'avancer de certains côtés à plus d'une demi-lieue dans la mer ; c'est alors qu'avec un étonnement mêlé d'admiration, on jouit à son gré du merveilleux spectacle de ces myriades d'animalcules occupés sans cesse à la formation des roches qu'on foule à ses pieds ; tous les genres de zoophytes marins y sont réunis sous les yeux du spectateur ; ils se pressent autour de lui ; leurs formes bizarres et singulières, les modifications diverses de leurs couleurs, celles de leur organisation, de leur structure, appellent tour à tour ses regards et ses méditations ; et lorsque, muni d'une forte loupe, il vient contempler de plus près ces êtres microscopiques, il a peine à concevoir comment, par des moyens aussi faibles en apparence, la nature a pu élever, du fond des mers, ces vastes plateaux de montagnes qui se prolongent sur la surface de l'île.

Dans l'océan Indien comme dans le grand Océan équinoxial, tout proclame la puissance des zoophytes, et l'antiquité prodigieuse de leurs travaux. Ainsi, tandis que l'homme, le roi de la nature, construit avec labeur, à la surface de la terre, ces frêles édifices que l'action du temps doit bientôt renverser, de faibles vermisseaux dont naguère il ignorait l'existence, et qu'il dédaigne encore, multiplient au sein des mers ces monuments prodigieux d'une puissance qui brave les siècles, et que l'imagination même se refuse à concevoir.

Certains polypes ont le corps en forme de cornet gélatineux, dont les bords sont garnis de filaments qui leur servent de tentacules. Du reste, nul viscère, nul organe de sens n'est perceptible en eux ; le micro-

Pl. 9.

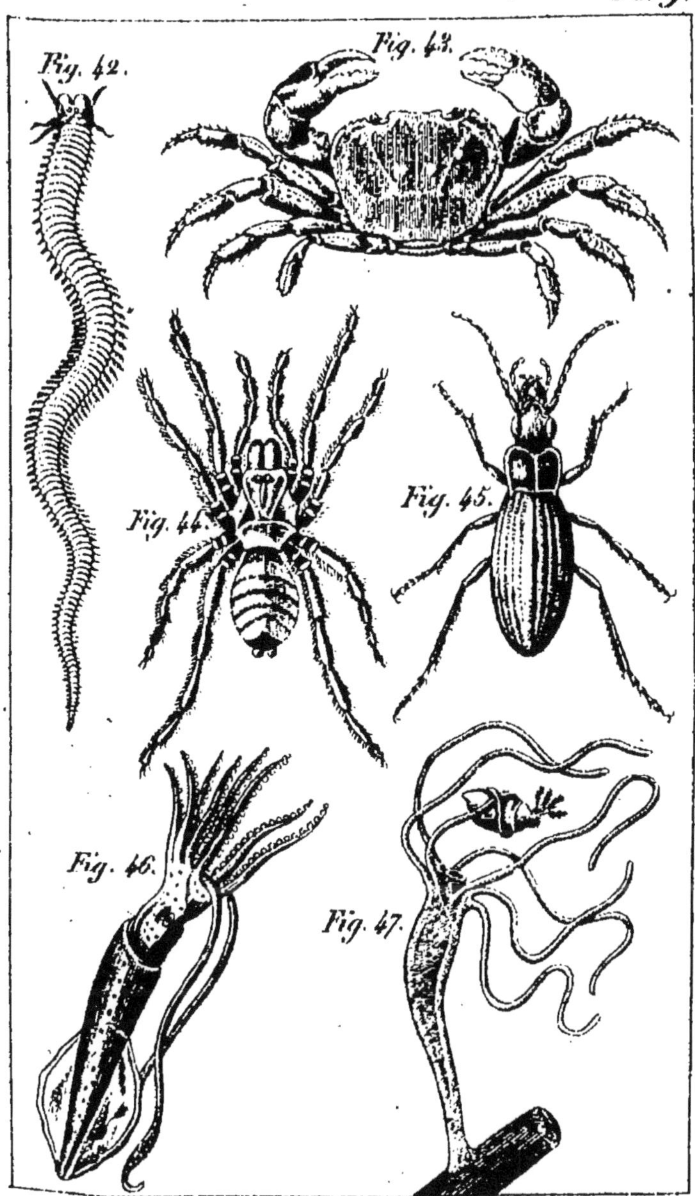

Lith. Goyer 7, Pass. Dauphine. Paris.

scope même ne fait voir dans leur substance qu'une pulpe transparente, remplie de grains un peu plus opaques. Et cependant ces animaux nagent, rampent, marchent même en fixant alternativement leurs deux extrémités, comme les sangsues et les chenilles arpenteuses ; ils agitent leurs tentacules, et s'en servent pour saisir leur proie, qui se dirige à vue d'œil dans la cavité de leur corps ; ils sont sensibles à la lumière et la recherchent. Toutes les parties qu'on leur coupe, pourvu qu'elles contiennent une portion de la cavité du corps, se reproduisent constamment et indéfiniment, et chaque fragment devient encore un individu distinct. Les *hydres* ou *polypes d'eau douce* (fig. 47) font partie de cette classe ; leur forme, semblable à celle d'un doigt de gant, permet de les retourner, et l'animal continue alors de vivre comme auparavant, la peau, devenue sac intérieur, faisant alors l'office d'estomac, et les parois de l'estomac faisant l'office de la peau. Qui jamais eût pu se figurer qu'il existe au monde des êtres que l'on peut retourner ainsi, comme on retourne un bas, qui peut servir également à l'envers et à l'endroit ! Que de sujets de réflexion pour le naturaliste ! qu'il y a loin sans doute de cette machine vivante, si merveilleuse par sa simplicité apparente, à l'organisation prodigieusement compliquée de l'homme ou des animaux supérieurs ! Combien la nature est variée dans ses productions ! combien est grande la puissance de son auteur !

Les *polypes composés*, nommés *polypes à polypier*, se distinguent en ce que chacun d'eux est formé par la réunion d'un grand nombre d'animaux, plus ou moins semblables aux polypes simples ; ces individus simples sont tous liés par un corps commun et en communauté de nutrition ; en sorte que ce qui est mangé par l'un profite au corps général et à tous les autres polypes. Ils sont même en communication de volonté. Tous ces individus simples sont comme autant de feuilles ou de fleurs dont le corps général serait la tige, et leur ensemble est une véritable grappe d'animaux. Le *corail*, dont nous faisons des objets d'ornement, est une production de ces polypes composés. Les éponges sont dans le même cas ; les animaux qui les produisent présentent l'aspect d'une masse gélatineuse à peine sensible. Ces animalcules, qui ne s'aperçoivent qu'au moyen du microscope, et qui se développent en abondance dans l'eau contenant des débris de corps organisés, se reproduisent par fragments comme les polypes et paraissent appartenir à la même classe ; mais leur étude présente des difficultés insurmontables, et le naturaliste est obligé de reconnaître que la puissance de Dieu ne se manifeste pas moins dans l'infinie petitesse que dans l'immensité.

GÉOGRAPHIE DES ANIMAUX

L'étude des mœurs et de l'instinct des animaux, de leurs caractères distinctifs et des avantages que nous pouvons en retirer, ne constitue pas toute la zoologie. Il faut y joindre encore la connaissance des circonstances climatériques dans lesquelles ces animaux vivent et des pays où on les trouve. On chercherait vainement des girafes, des lions ou des hyènes sur les confins de la mer Glaciale, des ours blancs en Afrique, des chameaux et des tigres à la Nouvelle-Hollande.

L'un des plus célèbres naturalistes dont la France s'honore, Buffon, avait avancé que chaque zone appartient en propre à certains genres, et que les deux moitiés d'une même zone situées dans des hémisphères opposés ont pour habitants des espèces très-voisines, mais essentiellement distinctes. Ainsi, le *jaguar* des régions équatoriales de l'Amérique, bien que fort semblable à la *panthère* qui habite les mêmes régions dans l'ancien monde, doit cependant en être séparé dans une classification; car, outre une différence dans la forme des taches de ces animaux, l'un miaule et l'autre aboie; l'un est bas sur jambes, tandis que l'autre a une taille élancée.

Buffon est aussi le premier qui ait fait connaître que

tous les singes de l'ancien monde ont les narines placées en avant comme celles de l'homme, tandis que tous ceux du nouveau monde ont les narines latérales en fente longitudinale. Tous les singes à queue prenante sont en Amérique; tous les singes à abajoues sont dans l'ancien continent. Tous les animaux à bourse appartiennent à l'Amérique ou à l'Océanie. Les animaux de Madagascar se distinguent de tous ceux des autres contrées. On a toujours essayé sans succès d'amener et d'élever dans nos contrées des orangs-outangs, des paresseux et une multitude d'autres animaux qui meurent en route ou peu de temps après leur arrivée.

Nous voyons au contraire les chiens, les chevaux, les moutons et les bœufs suivre l'homme dans tous les climats et s'y naturaliser sans peine, au point d'y vivre et de s'y propager à l'état sauvage comme dans leur propre pays.

Les mammifères des pays froids sont revêtus d'une toison plus touffue, plus chaude et plus solide que celle des espèces congénères qui vivent dans les pays tempérés ou dans les pays chauds. La zibeline, reléguée dans les contrées voisines du pôle, donne une fourrure plus précieuse que celle de la martre, qui habite des régions moins froides, et bien plus précieuse encore que celle de la fouine, qui vit dans les climats tempérés. Les renards de Suède, les lynx de Sibérie ont également une fourrure plus chaude que les renards du midi de l'Europe et les lynx de l'Afrique ou des Indes.

La différence en hauteur au-dessus du niveau de la mer exercé sur la fourrure des animaux une influence du même genre que la différence en latitude. Le *chin-*

chilla se trouve dans le voisinage de l'équateur, mais il habite le sommet des Andes du Pérou. Les chèvres qui, à l'état de nature, vivent dans les régions montagneuses les plus élevées, ont un poil soyeux beaucoup plus abondant et plus fin que celui des chèvres domestiques que nous avons acclimatées dans les plaines ; et c'est probablement se faire une illusion grossière que d'espérer que les chèvres de Cachemire, amenées des sommets de l'Himalaya dans les Pyrénées, y conserveront à perpétuité cette toison précieuse qui les fait tant rechercher.

S'il est des animaux qui paraissent devoir être affranchis des influences du climat, ce sont assurément les oiseaux. Organisés pour franchir promptement les plus vastes distances, il semble que leur patrie ne devrait avoir d'autres limites que celles de l'atmosphère ; et cependant nous ne trouvons ni cygnes dans la zone torride, ni perroquets dans les zones glaciales. C'est dans les pays chauds qu'il faut chercher les espèces au riant plumage, au chant mélodieux. C'est dans le voisinage des pôles qu'il faut aller chercher l'*édredon*, duvet précieux que nous fournit l'espèce de canard connu sous le nom d'*eider*.

La FAMILLE DES SINGES, l'une des plus nombreuses, des mieux caractérisées et des mieux connues du règne animal, celle de toutes qui renferme les espèces les plus voisines de l'homme par leur organisation, est par là même celle dont la distribution géographique nous intéresse le plus. Cette immense famille se compose de deux branches collatérales, parfaitement distinctes, et dont chacune présente une série de genres gradués de telle sorte que le plus élevé ressemble à l'homme par la forme du crâne et l'intelligence très-développée des jeunes individus, tandis que le genre inférieur présente une face allongée et une intelligence restreinte à tout âge. L'une de ces branches appartient exclusivement à l'ancien monde; l'autre appartient exclusivement à l'Amérique.

C'est dans l'ancien continent que se trouvent les espèces les plus remarquables par leur grande taille, par leur intelligence, au moins dans leur jeunesse, ou par leur méchanceté. On y trouve l'orang-outang, animal doux et sociable dans les premières années, et plus intelligent alors que nos propres enfants; mais qui, dans l'âge adulte, devient inabordable, et se fait beaucoup redouter. C'est aussi là que l'on trouve les cynocéphales et les mandrils, singes dont on ne peut guère citer que des traits d'une horrible férocité.

Les espèces du nouveau monde sont au contraire de petite taille, généralement très-douces et très-sociables. Leur intelligence ne paraît nullement s'affaiblir avec l'âge. C'est de là que viennent presque tous les singes que les Savoyards promènent dans les rues et qu'ils dressent à faire une multitude de tours.

Aucun singe de l'ancien continent n'a la queue susceptible de s'accrocher. L'orang-outang et le chimpanzé, que leur intelligence rapproche le plus de l'homme, n'ont aucun vestige de queue. La plupart des singes américains ont, au contraire, la queue prenante, c'est-à-dire capables de saisir les objets aussi habilement et aussi fortement qu'une main.

L'un des caractères les plus distinctifs de ces deux

tribus de singes est celui qu'avait signalé Buffon, et qui consiste en ce que les singes de l'ancien monde ont les narines placées en avant et à la partie inférieure du nez, tandis que tous les singes américains ont les narines placées latéralement.

Les singes sont tous des animaux grimpeurs et craignant le froid ; on ne doit donc s'attendre à les trouver que dans les pays boisés et chauds. L'Europe est trop froide pour eux ; à peine y trouve-t-on quelques *magots* sur la pointe la plus méridionale de Gibraltar ; cette espèce originaire du nord de l'Afrique, où elle est fort commune, était la mieux connue des anciens ; c'est en disséquant des magots que Galien put obtenir des connaissances positives et très-étendues sur l'anatomie humaine, qu'il n'était point permis alors d'étudier sur le corps de l'homme.

Si nous traversons le détroit de Gibraltar pour pénétrer dans l'Afrique, et que nous contournions cette vaste contrée, en suivant les côtes de l'océan Atlantique, puis remontant du cap de Bonne-Espérance vers l'Abyssinie et l'Égypte, nous trouvons d'abord les *magots*, dont la seule espèce connue peuple toute la Barbarie depuis Maroc jusqu'en Égypte, et ne paraît pas s'étendre au delà de ces contrées. Nous trouvons aussi des *guenons* dont les espèces nombreuses remplissent toute l'Afrique.

Il faut descendre jusque dans la Guinée, pour rencontrer des cynocéphales et les redoutables mandrils, la terreur des nègres de ces contrées.

Les *troglodytes* ou *chimpanzés*, qui occupent le sommet de l'échelle animale, et qui ressemblent à de petits hommes d'une manière si frappante, sont aussi habitants de la Guinée et du Congo.

Le voisinage du Cap est occupé par des cynocéphales que l'on retrouve encore dans le voisinage du Nil, où la superstition des païens en avait fait des dieux.

Les macaques, ou magots à queue, sont aussi connus vers les sources du Nil.

Quant à l'intérieur de l'Afrique, tout porte à croire qu'il est également peuplé par des singes ; mais il est trop peu connu pour que l'on puisse rien affirmer à cet égard.

La grande île de Madagascar, si voisine de l'Afrique, paraîtrait devoir participer à sa population animale. Il n'en est rien pourtant, et cette île singulière n'a que des animaux construits sur des types tout à fait particuliers. Il semble que ce soit un monde à part, objet d'une création toute spéciale. On n'y trouve pas de singes, mais on y rencontre les *makis*, animaux très-voisins des singes, dont ils ne diffèrent que par un museau effilé comme celui d'un renard, par un ongle en griffe et quelques détails peu importants. On ne trouve point de véritables makis ailleurs qu'à Madagascar. C'est aussi là que l'on a trouvé l'aye-aye, animal dont il n'a jamais été vu qu'un seul individu, mais tellement singulier, que les zoologistes ne savent s'il doit être rangé parmi les quadrumanes ou parmi les rongeurs.

La Nouvelle-Hollande et les îles voisines, qui constituent ce qu'on nomme les *terres australes*, n'ont pas non plus de singes, et sont peuplées par des animaux bizarres qui font de ces contrées une région zoologique distincte de toutes les autres, et ressemblant seulement par quelques points à ce qu'on observe en Amérique.

L'Afrique, pour les naturalistes, ne se termine pas à l'isthme de Suez; il faut y joindre l'Arabie et la Syrie, dont le climat ressemble beaucoup à celui de la Nubie et de l'Égypte, et où l'on trouve les mêmes animaux. Ainsi les cynocéphales sont répandus sur les deux rives de la mer Rouge.

Mais en cheminant ensuite vers l'orient, il faut traverser la Perse, l'Afghanistan, et pénétrer jusque dans les Indes pour retrouver des singes. On rencontre d'abord des macaques dans les environs de Calcutta et dans l'île de Ceylan. Les semnopithèques peuplent l'Indo-Chine. Les gibbons habitent Sumatra et les côtes voisines du continent. Enfin les orangs ont pour patrie l'île de Bornéo, et l'on prétend qu'il s'en trouve aussi dans l'Indo-Chine.

Au nord des monts Himalaya, la température est trop froide pour ces animaux, et l'on n'en retrouve plus en Asie depuis le tropique jusqu'à la mer Glaciale.

Si nous pénétrons dans l'Amérique, nous ne trouvons aucun singe dans la partie septentrionale de ce nouveau continent. Mais dans la partie méridionale, de nombreuses espèces fourmillent à peu près indistinctement sur tous les points et particulièrement dans le voisinage des fleuves, depuis l'isthme de Panama jusqu'au Paraguay.

Les *ouistitis*, ou singes à griffes, habitent les mêmes contrées que les singes américains, mais il ne s'en trouve ni dans l'ancien continent ni dans les terres australes.

Les CHAUVES-SOURIS, ces mammifères revêtus d'une expansion de la peau tellement considérable qu'elle leur rend le vol aussi facile qu'aux oiseaux, ces êtres si bizarres en apparence, que nos ancêtres les ont longtemps regardés comme des anomalies inexplicables dans le règne animal, forment un ordre aujourd'hui bien caractérisé, occupant un rang élevé dans l'échelle zoologique, et composé d'une multitude d'espèces assez variées pour présenter des organisations compatibles avec tous les climats. Aussi trouve-t-on des chauves-souris dans toutes les parties du monde, jusqu'à la Nouvelle-Hollande et à Madagascar, où elles sont, à la vérité, en petit nombre. Mais, si l'on en excepte le nyctinome du Bengale, qui paraît répandu dans l'Inde et dans l'Amérique méridionale, chaque espèce a sa patrie distincte. Ce n'est qu'aux Indes et dans les îles voisines qu'on trouve ces énormes roussettes qui atteignent quatre pieds d'envergure, dont le corps et les ailes sont également couverts de poils, et qui ressemblent à de vrais makis ailés. Ce n'est qu'en Amérique et vers le Brésil qu'on rencontre les vampires, cette espèce fameuse par le mal qu'elle peut faire en suçant le sang des animaux endormis. Les galéopithèques, assez voisins des roussettes, dont les ailes, trop peu étendues pour le vol, ne forment qu'un parachute, habitent les îles de la Sonde. On sait que nos contrées fourmillent de petites espèces qui voltigent en tous sens à la chute du jour, faisant la chasse aux insectes crépusculaires ; pendant le jour elles se retirent dans les lieux obscurs et silencieux, appartenant particulièrement à certains cantons où elles pullulent, tandis qu'elles deviennent fort rares dans les cantons voisins.

Les CARNASSIERS, animaux destinés à mettre des bornes à la trop grande multiplication des espèces herbivores, sont répandus sur toute la terre. Il y en a pour toutes les latitudes, pour les montagnes et pour les plaines, pour tous les climats. La Nouvelle-Hollande a des quadrupèdes carnassiers comme les autres contrées; mais tous ceux qu'elle possède appartiennent à la série des MARSUPIAUX, animaux singuliers dont la création paraît antérieure à celle des mammifères ordinaires, dont les restes fossiles se retrouvent jusque dans les environs de Paris, mais qui de nos jours sont relégués exclusivement dans l'Amérique et dans l'Australasie.

Les *ours* sont répandus dans toute l'Europe, l'Asie et l'Amérique; mais on n'en connaît pas en Afrique, et nous savons qu'ils sont exclus de la Nouvelle-Hollande. Ces animaux recherchent les lieux froids. Les espèces à pelage brun ou noir vivent sur les montagnes élevées, comme les Alpes, les Pyrénées, les monts Krapacks, l'Himalaya, les Andes. Elles se nourrissent en grande partie de végétaux, et ne font la chasse aux animaux que lorsque la faim les presse. L'ours blanc, relégué dans le voisinage du pôle, où la végétation est nulle, fait une guerre cruelle aux phoques de la mer Glaciale; il descend souvent sur les glaçons en Islande et en Suède, et vient jeter la consternation parmi les habitants de ces contrées.

Il est difficile d'assigner d'une manière certaine la distribution géographique des espèces plus petites ou peu communes, parce qu'elles se dérobent souvent aux recherches des naturalistes. Les *gloutons* vivent dans le nord. Les *blaireaux* vivent dans nos climats; on en connaît aussi en Amérique. Les *martres, putois, belettes, hermines*, bien que de petite taille, sont si recherchés pour leur fourrure et si nuisibles par leur férocité, que leurs habitations sont bien connues; il y en a dans tous les pays, à l'exception de la Nouvelle-Hollande; les espèces qui vivent dans le voisinage de la mer Glaciale ont la fourrure la plus précieuse, et c'est de là que nous viennent les *zibelines*.

Les *loutres* sont aussi de tous les pays.

Les *chiens sauvages* n'existent plus que dans l'Amérique méridionale, où ils ont été transportés à l'état domestique par les Européens ; ils ne sont devenus sauvages que par la suite des temps et de la liberté qu'on leur avait laissée. Les sangliers et les bœufs sauvages du Brésil ne sont pas plus originaires d'Amérique que les chiens ; ils descendent également d'individus transportés là par les Européens.

Le *loup*, que plusieurs naturalistes regardent comme la souche du chien, est répandu depuis l'Égypte jusqu'en Laponie et en Amérique. Le *chacal*, qui ressemble peut-être davantage au chien que le loup proprement dit, mais dont la taille est plus petite, se trouve depuis les Indes et les environs de la mer Caspienne jusqu'au Sénégal. Enfin le genre *renard*, aussi très-voisin du chien, est très-répandu dans toutes les parties du monde.

La famille des *chats*, qui comprend les carnassiers les plus redoutables, les plus agiles et les plus fortement armés pour saisir et déchirer une proie vivante, présente des espèces nombreuses et variées qui peuplent toutes les parties du monde, excepté la Nouvelle-Hollande, et Madasgascar. Les *lions* et les *panthères* sont répandus dans l'Afrique et dans l'Asie méridionale ; mais depuis longtemps il n'y en a plus en Europe, d'où la civilisation les a chassés ; il n'y en a pas non plus en Amérique, où le lion est remplacé par le *couguar*, espèce de couleur fauve à peu près uniforme, de la taille du chien, et beaucoup moins redoutable que les lions d'Afrique et d'Asie. Au lieu de la panthère, on trouve en Amérique le *jaguar*, espèce redoutable qui habite les contrées chaudes de ce continent, qui aboie comme le chien au lieu de miauler comme la panthère. Le *tigre royal*, l'espèce la plus terrible, ne se trouve qu'en Asie, et surtout dans les Indes, d'où il remonte jusque dans la Sibérie. Les *lynx*, dont les oreilles se terminent par un pinceau de poils, couvrent l'Europe et l'Asie, s'étendant même jusqu'au Canada et en Afrique.

Notre chat domestique paraît descendre d'une espèce sauvage qui habite encore les forêts de l'Europe.

AVIS AU RELIEUR.

La planche 1 doit être placée en regard de la page			8
—	2	—	24
—	3	—	58
—	4	—	64
—	5	—	86
—	6	—	102
—	7	—	108
—	8	—	116
—	9	—	126

PARIS. — IMP. SIMON RAÇON ET COMP., RUE D'ERFURTH, 1.

www.ingramcontent.com/pod-product-compliance
Ingram Content Group UK Ltd.
Pitfield, Milton Keynes, MK11 3LW, UK
UKHW020251250726
13967UKWH00004B/1615

9 782011 913852